大数据技术与应用

陈 明 张 凯 张丁文 ◎ 著

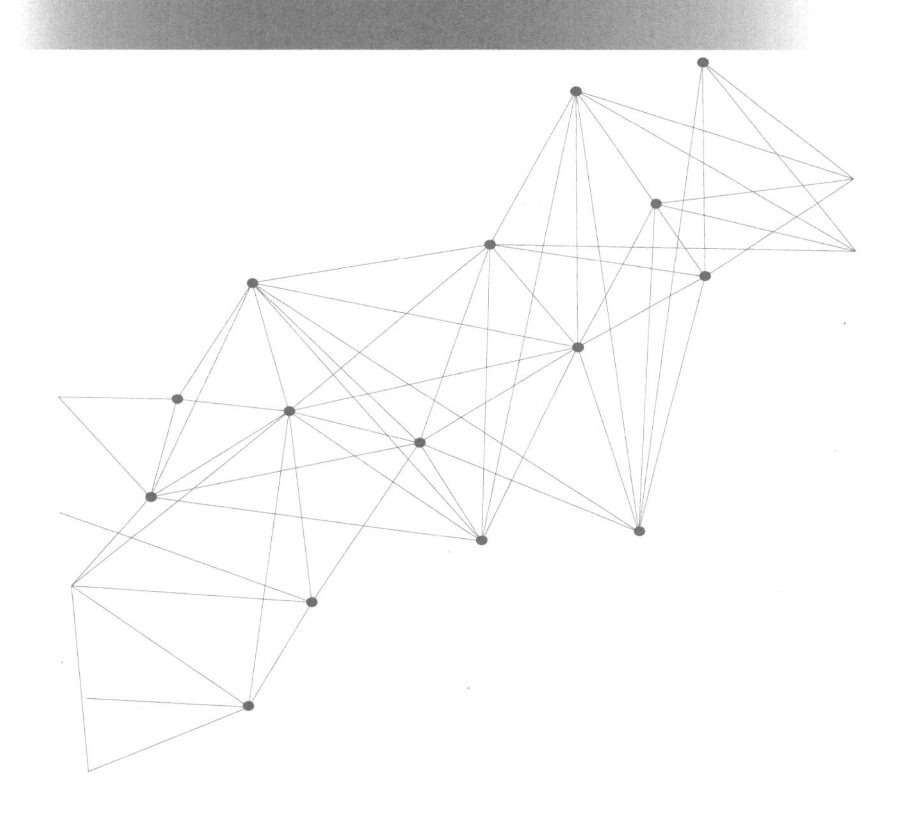

图书在版编目（CIP）数据

大数据技术与应用 / 陈明，张凯，张丁文著. -- 北京 : 企业管理出版社，2023.11
ISBN 978-7-5164-2899-3

Ⅰ. ①大… Ⅱ. ①陈… ②张… ③张… Ⅲ. ①数据处理 Ⅳ. ①TP274

中国国家版本馆CIP数据核字(2023)第180995号

书　　名：大数据技术与应用
书　　号：ISBN 978-7-5164-2899-3
作　　者：陈　明　张　凯　张丁文
选题策划：周灵均
责任编辑：陈　戈　周灵均
出版发行：企业管理出版社
经　　销：新华书店
地　　址：北京市海淀区紫竹院南路17号　　邮　　编：100048
网　　址：http://www.emph.cn　　电子信箱：2508978735@qq.com
电　　话：编辑部（010）68456991　　发行部（010）68701816
印　　刷：北京厚诚则铭印刷科技有限公司
版　　次：2023年11月第1版
印　　次：2023年11月第1次印刷
开　　本：710mm×1000mm　1/16
印　　张：20.5
字　　数：235千字
定　　价：89.00元

前言

PREFACE

由于互联网和信息行业的快速发展，大数据日益引起人们的关注，进而引发自互联网、云计算之后IT行业的又一大颠覆性的技术革命。面对信息的激流、多元化数据的涌现，传统的数据技术已显得力不从心，大数据技术应运而生。大数据给个人生活、企业经营，甚至国家与社会的发展带来了机遇和挑战，成为IT信息产业中最具潜力的“蓝海”。人们用大数据来描述和定义信息时代产生的海量数据，并命名与之相关的技术发展与创新。

大数据技术与应用是一门理论性和实践性都很强的课程，本书的写作坚持“应用为先”的原则，注重理论与实践相结合，将大数据抽象的概念、原理和技术方法融入具体的实例中，从而帮助读者更好地理解、掌握和运用大数据技术。

本书共分为八章。第一章是概述部分，简要介绍大数据的定义、特点、相关技术和应用领域；第二章介绍大数据与云计算、物联网三者之间的关系；第三章介绍大数据采集及预处理，包括大数据采集方法、预处理流程以及常用的大数据采集与处理平台；第四章介绍大数据分析与数据挖掘的理论和方法；第五章介绍大数据存储与管理；第六章介绍大数据可视化技术的理论与应用；第七章介绍大数据时代的安全与隐私保护；第八章介绍大数据技术在电信、生物医学、物流、体育和娱乐、安全、餐饮、零售等行业或领域中的应用。

本书由陈明、张凯、张丁文共同完成，具体分工如下：陈明写作第三章、第四章、第六章和第七章，张凯写作第一章和第八章，张丁文写作第二章和第五章。

本书在写作过程中，参考了大量国内外著作、论文及优秀文章，在此谨向相关作者表示衷心的感谢。由于写作过程中参考的资料较多，书中内容难免有疏漏之处，恳请广大读者批评指正。

陈明

2023年5月

CONTENTS 目录

1

第一章

大数据概述

第一节 大数据的基本概念

“大数据（Big Data）”这一概念最早是在1998年由美国硅图公司（SGI）首席科学家约翰·马西（John Mashey）在美国高等计算机系统协会（USENIX）大会上提出的，他在题为《大数据与下一代基础架构》（Big Data and the Next Wave of InfraStress）的演讲中使用“大数据”来描述数据爆炸的现象。同年10月，《科学》杂志上发表了一篇介绍计算机软件HiQ的文章《大数据处理程序》（“A Handler for big data”），这是“大数据”一词首次出现在学术论文中。然而，大数据在当时并没有引起业界的注意，直到2008年9月，《自然》杂志出版了《大数据》专刊，“大数据”在学术界才得到广泛认可和应用。此后，大数据技术开始向商业、科技、医疗、政府、教育、经济、交通、物流及社会的各个领域渗透，“大数据”这一术语逐渐风靡各行各业。

如今，“大数据”已经是社会各界所熟知的一个名词，它的重要性也得到了人们的广泛认同，但是对“大数据”概念的定义与理解各有不同，不同的行业领域以及不同的研究机构和专家学者从不同角度给出了不同的定义。

2011年，全球知名咨询公司麦肯锡公司在报告《大数据：创新、竞争和生产力的下一个前沿领域》（“Big data: The next frontier for innovation, competition and productivity”）中最早给出

了大数据的定义：大数据是指大小超出传统数据库工具的获取、存储、管理和分析能力的数据集。该定义同时强调，并不是超过特定TB（太字节）值的数据集才能算是大数据，因为随着技术的不断发展，符合大数据标准的数据集容量也会增长。

互联网数据中心（Internet Data Center，IDC）在2011年度数字宇宙研究报告《从混沌中提取价值》（“Extracting value fromchaos”）中将大数据描述为“新一代的技术与架构体系，它被设计用于在成本可承受的条件下通过高速采集、发现和分析等手段，从海量、多样化的数据中提取经济价值”。

Gartner（高德纳咨询公司）认为，大数据是需要运用新处理模式才能具有更强的决策力、洞察发现力和流程优化能力的海量、高增长率和多样化的信息资产。

维基百科对大数据的定义是“无法在可承受的时间范围内用常规软件工具进行获取、管理和处理的数据集”。

美国国家标准与技术研究院从学术角度给大数据下定义：大数据是指其数据量、采集速度或数据表示限制了使用传统关系型方法进行有效分析，或者需要使用重要的横向扩展技术来实现高效处理的数据。

亚马逊的大数据科学家约翰·劳瑟（John Rauser）将大数据简单定义为“任何超过一台计算机处理能力的数据量”。

1010data公司的首席科学家亚当·雅各布斯（Adam Jacobs）将大数据定义为“规模大到迫使人们在当前流行且可靠的处理方法之外寻求新方法的数据集”。

我国学者朱建平结合统计学与计算机科学的原理，将大数据定义为“那些超过传统数据系统处理能力，超越经典统计思想研究范围，不借助网络无法用主流软件工具及技术进行分析的复杂数据集合”。

沈浩从新闻传播学的角度出发，认为“大数据是泛化了的数据挖掘，大数据概念不过是点燃了数据挖掘的社会意义和应用价值”。

邱泽奇则从社会学研究者的视角出发，认为“大数据是痕迹数据汇集的并行化、在线化、生活化和社会化”。

国际知名摄影师里克•斯莫兰（Rick Smolan）将大数据描述为“帮助地球构建神经系统的一个过程，在该系统中我们（人类）不过是其中一种传感器”。

综合上述定义，我们可以从以下三个不同的角度来认识和理解大数据的意义。

一、大数据自身特征

“大数据”一词给人最直观的感受就是数据量巨大，因为其巨大的规模,大数据在获取、存储、管理、分析方面都大大超出了传统数据管理系统和传统处理模式的能力范围；但是就目前而言，业界普遍认为规模巨大（Volume）只是大数据的特征之一，大数据还应具有种类繁多（Variety）、生成快速（Velocity）、来源真实（Veracity）等基本特点，即IBM（国际商业机器公司）提出的“4V”模型。

（一）规模巨大

大数据的首要特征是数据量大。

今天，众多行业的大数据已经突破常规的GB(GigaByte，吉字节）的数量级，达到了TB（TrillionByte，太字节）的数量级，更高的数量单位有PB（PetaByte，拍字节）、EB（ExaByte，艾字节）、ZB（ZettaByte，泽字节）和YB（YottaByte，尧字节），这些单位之间的换算关系如下。

1TB=1024GB，相当于在1TB容量的硬盘上存储20万张照片或者20万首MP3歌曲。

1PB=1024TB，相当于在两个数据中心机柜中放置16个Backblaze公司（美国云存储公司）的存储单元。

1EB=1024PB，相当于在占据一个街区的四层数据中心大楼内放置的2000个机柜。

1ZB=1024EB，相当于1000个数据中心大楼，约占美国纽约曼哈顿面积的20%。

1YB=1024ZB，相当于100万个数据中心大楼，可占据美国特拉华州和罗得岛州。

（二）种类繁多

大数据的另一个特征是数据来源和数据类型日益增多。

传统数据主要来源于企业运营（如办公自动化系统、业务管理系统）、金融交易（如银行交易、证券交易）、科学研究（如天文、医学、气象、生物、高能物理研究）、新闻媒体（如报纸、杂志、电影、电视）等领域。随着互联网和物联网技术的飞速发展，出现了社交网络（如微信、微博等）、搜索引擎、车联网以及遍布全球的各种各样的传感器等多种数据源。相应地，数据类型也不再局限于传统的结构化数据，各种半结构化数据和非结构化数据纷纷涌现出来。结构化数据可以用二维表的形式存储于关系型数据库中，企业资源计划（ERP）、医疗信息系统（HIS）数据库、教育一卡通等都属于这种类型。非结构化数据没有标准格式，不便用数据库二维逻辑表来表现，也无法被程序直接使用或利用数据库进行分析。这类数据形式多样，包括各种办公文档、图片、图像、视频、音频、日志文件、机器数据等。半结构化数据介于结构化数据与非结构化数据之间，其特点是具有一定的结构性，但结构变化很大，不能完全照搬结构化或者非结构化数据的处理方式，典型例子有可扩展标记语言（XML）、脚本语言对象标记（JSON）等格式的数据。非结构化数据是当今大数据的主体，据统计，全球80%以上的大数据都是非结构化的，而且其增长速度还在不断攀升。

（三）生成快速

在大数据背景下，数据产生的速度非常快。据数据可视化软件开发商 Domo Technologies，Inc. 的数据显示，2017 年，谷歌平均每分钟处理 360 万次搜索查询，YouTube（油管，网站名称）用户每分钟播放 414 万个视频，互联网上每分钟产生 1 亿封垃圾邮件。快速增长的数据需要我们采用实时、有效的方法进行分析和处理，如果分析结果错过了应用时机，数据也将失去价值。

（四）来源真实

数据来源真实可靠是对大数据进行科学分析、挖掘和研究的前提条件，但是数据信息来源的多样性，以及数据本身存在的混杂甚至混乱的特征，会导致数据集中存在许多不完整、不一致、不可靠甚至虚假的信息。因此，在分析大数据之前，需要先对数据集进行预处理，检测出不一致的数据，剔除虚假数据，以保证分析与预测结果的准确性和有效性。

随着人们对大数据理解的逐步深入，又不断有新的大数据特征被提炼出来。例如：价值性（Value），表示大数据的商业价值高、价值密度低；动态性（Vitality），强调数据体系的动态性；合法性（Valid），强调数据采集和应用的合法性；等等。

二、大数据处理方法

高速增长的大数据洪流，给数据的管理和分析带来了巨大挑战，传统的数据处理方法已经不能适应大数据的处理需求。因此，需要根据大数据的特点，对传统的常规数据处理技术进行变革，形成适用于大数据发展的全新体系架构，实现大规模数据的获取、存储、管理和分析。

与大数据相比，传统数据的来源相对单一，数据规模较小，一般的关系型数据库就能满足数据存储的基本要求；而大数据来源丰富、类型多样，不仅有简单的结构化数据，更多的则是复杂的非结构化数据，而且多种来源的数据之间存在复杂的联系，需要采用分布式文件系统和分布式数据库技术进行存储，并通过数据融合技术实现多信息源数据的整合处理。

大数据的多源性和多样性还会导致数据出现不一致、不准确、不完整等质量问题，从而给数据的可用性带来负面影响，甚至产生有害的结果。据估算，在美国工业界数据错误问题每年造成的经济损失约占美国GDP（国内生产总值）的6%，每年医疗数据错误引发的事故导致高达9.8万名美国患者丧生。因此，需要通过数据清洗、集成、转换等预处理技术改善数据质量，提升数据分析结果的准确性与可靠性。

传统数据主要采用批量处理模式，基于“先存储、后处理”的思想，即当全部数据完整存储到数据库后再一次性读取出来进行分析，因此具有较高的延时。在大数据背景下，对于实时性要求不高的应用场景仍然可以采用批量处理的方式进行数据处理；但是金融业、物联网、互联网等领域产生的流式数据通常具有实时性、易失性、突发性、无序性、无限性等特征，这类数据的有效时间很短，产生后需要立即进行分析，而且数据源会不断产生数据，潜在的数据量是无限的，大多数数据在处理后会被直接丢弃，只有极少数数据会被持久地保存下来。显然，传统的“先存储、后处理”的模式已经不适用于流式数据的处理，近年来涌现出一批针对流式大数据进行实时处理的平台和解决方案，比较知名的有Storm（分布式的、可容错的实时流式计算系统）、Spark Streaming

（可扩展、高吞吐、可容错的实时数据流处理引擎）、Flink（批流一体化的分布式处理引擎）、APEX（基于 Java 的流行数据处理和分布式计算框架）等。

三、人类认知方式

大数据正在引发一场思维革命，深刻改变着人们考察世界的方式方法。过去，数据被视为伴随着人类的生产和贸易活动而产生的“副产品”，如同汽车排气管和烟囱中排放的废气，毫无用处。而进入大数据时代后，数据被认为是除石油、煤炭等之外的另一种资源，不仅具有巨大的经济价值，而且可以被反复利用。知名IT评论人谢文曾经表示：“大数据将逐渐成为现代社会基础设施的一部分，就像公路、铁路、港口、水电和通信网络一样不可或缺；但就其价值特性而言，大数据和这些物理化的基础设施不同，不会因为使用而折旧和贬值。”

“大数据商业应用第一人”维克托·迈尔·舍恩伯格（Viktor Mayer-Schönberger）在其著作《大数据时代：生活、工作与思维的大变革》中前瞻性地指出，大数据与三个重大的思维转变有关：首先，要分析与某事物相关的所有数据，而不是依靠分析少量的数据样本认识事物的本质；其次，我们乐于接受数据的复杂性，而不再追求精确性；最后，我们的思想发生了转变，不再探求难以捉摸的因果关系，转而关注事物的相关关系。这些思维变革颠覆了千百年来人们的思维习惯，对人类的认知以及与世界交流的方式提出了全新的挑战。

第二节　大数据的发展

“大数据”是一个综合性概念，包括因具备容量、多样性、速度的特征而难以进行管理的数据，对这些数据进行存储、处理、分析的技术，以及能够通过分析这些数据获得实用意义和观点的人才及组织。

所谓“存储、处理、分析的技术”，指的是用于大规模数据分布式处理的框架、具备良好可扩展性的数据库，以及机器学习和统计分析等。所谓“能够通过分析这些数据获得实用意义和观点的人才及组织”，指的是目前在欧美国家十分受欢迎的“数据科学家”一类的人才以及能够有效运用大数据的组织。

“大数据”本身并不是一个新的概念，特别是仅从数据量的角度来看，大数据在过去就已经存在了。例如，波音的喷气发动机每 30 分钟就会产生 10TB 的运行信息数据，这样计算的话，安装有 4 台发动机的大型客机，每次飞越大西洋就会产生 640TB 的数据。世界各地每天有超过 2.5 万架飞机在工作，可见其数据量是何等庞大。生物技术领域中的基因组分析以及以 NASA（美国国家航空航天局）为中心的太空开发领域，很早以前就开始使用昂贵的高端超级计算机来对规模庞大的数据进行分析和处理了。

现在和过去的区别之一，就是大数据已经不仅产生于特定领域，还产生于人们的日常生活中，如微信、脸书（Facebook）和推特（Twitter）等社交媒体上的文本数据就是最好的例子。虽然人们无法得到全部数据，但是可以通过公开的API（应用程序编程接口）相对容易地采集大部分数据。在B2C（商家对顾客）企业中，使用文本挖掘和情感分析等技术就可以分析消费者对企业产品的评价。

一、硬件性价比提高与软件技术进步

计算机性价比的提高、磁盘价格的下降、大规模数据分布式处理技术Hadoop的诞生，以及随着云计算的兴起，甚至无须自行搭建这样的大规模环境——上述因素大幅降低了大数据存储和处理的门槛。因此，过去只有像NASA这样的研究机构及屈指可数的几家特大型企业才能实现对大量数据的深入分析，现在只需极少的成本和时间就可以完成此类工作，无论是刚刚创业的公司还是发展多年的公司，无论是中小型企业还是大型企业，都可以对大数据进行充分利用。

（一）计算机性价比的提高

承担数据处理任务的计算机，其处理能力遵循摩尔定律，在不断地进化。摩尔定律是美国英特尔公司联合创始人之一的戈登•摩尔于1965年提出的一种观点，即“半导体芯片的集成度，每18～24个月便会翻一番”。从家电卖场中所陈列的计算机规格指标可以看出，现在以同样的价格能够买到的计算机，其处理能力已经和过去不可同日而语了。

（二）磁盘价格的下降

除了CPU（中央处理器）性能的提高，硬盘等存储器（数据的存储装置）的价格也明显地下降了。在2000年，硬盘驱动器平均每GB容量的单价为16～19美元，而现在只有7美分，其价格与之前相比有大幅下降。

存储器变化的不仅仅是价格，在重量方面也获得了巨大进步。1982年日立集团最早开发的超1GB级硬盘驱动器（容量为1.2GB），重量约250lb（约合113千克），而现在32GB的微型SD卡重量却只有0.5克左右，技术进步的速度相当惊人。

（三）大规模数据分布式处理技术Hadoop的诞生

Hadoop是一个能够对大量数据进行分布式处理的软件框架，它的诞生成为目前大数据浪潮的第一推动力。如果只是结构化数据不断增长，用传统的关系型数据库和数据仓库或者其衍生技术，就可以进行存储和处理，但这种技术无法实现对非结构化数据的处理。

Hadoop最显著的特征就是能够对大量非结构化数据进行高速处理。

二、云计算的普及

大数据的处理环境并不一定需要自行搭建，使用亚马逊的云计算服务EC2（Elastic Compute Cloud）和S3（Simple Storage Service），无须自行搭建大规模数据处理环境，就可以以按用量付费的方式来使用由计算机集群组成的计算处理环境和大规模数据存储环境。在EC2和S3的基础上，亚马逊还利用预先配置的Hadoop工作环境提供EMR（大数据处理服务）。利用这样的云计算环境，即使是资金不太充裕的创业型公司也可以进行大数据分析。

在美国，新的IT创业公司如雨后春笋般涌现，它们利用亚马逊的云计算环境对大数据进行处理，从而催生出新型的服务，如提供消费电子产品价格走势预测服务的Decide.com公司、提供预测航班起飞晚点等航班预报服务的FlightCaster公司等。

（一）Decide.com

Decide.com是一家成立于2010年的创业型公司，其主要服务内容是告诉大家数码相机、计算机、智能手机和电视机等数码产品在什么时间购买最划算。Decide.com每天要从数百家网上商城中收集10万多条家电和数码产品的价格数据，还会搜索关于这些产品的博客和新闻报道，以获取是否会有新型号产品准备发售等相关信息。这些数据每天的量超过25GB，整体用于分析的数据量则高达100TB。收集到的这些数据会被发送到亚马逊的云计算平台，并通过Hadoop来进行统计和分析。

Decide.com的竞争力源自公司中4位计算机科学博士所开发的算法，采用这种算法可以对家电和数码产品价格的上涨或下降走势做出高精度的预测。

（二）FlightCaster

FlightCaster创立于2009年，其主要服务内容是在航空公司发出正式通知6小时之前对航班晚点做出预报。

FlightCaster的航班预报是基于运输统计局的数据、联邦航空局空中交通管制系统指挥中心的警报、FlightStats（一个专门发布航班运营状况信息的网站）的数据和美国国家气象局的天气预报等所发布的。这些数据都是公开数据，如果有需要，任何人都可以获得。

基于这些数据，FlightCaster可以做出类似“正点概率为3%，轻微晚点（60分钟以内）概率为14%，晚点60分钟以上概率为83%”这样的预测。如果航班预报显示该航班有很大概率会晚点，还会给出相应的理由，如“目的地因暴雨天气风力较强”，“（往返飞行的）到达航班已经晚点72分钟”，等等。

该公司服务的强项在于，可以利用其拥有专利的人工智能算法对过去10年的统计数据加上实时数据所构成的庞大数据进行分析，做出准确率高达85%～90%的航班晚点预测。

FlightCaster是一家创业型公司，为了控制初期投资，其庞大的数据处理工作都是在亚马逊的云计算平台(EC2和S3)上搭建的Hadoop集群中完成的。该Hadoop集群是Cloudera公司（美国软件公司）提供的一项名为AMI（亚马逊机器映像）的服务，而FlightCaster正是利用了该集群上的机器学习功能来进行数据挖掘的。

此外，其前端部分是在Heroku公司（美国云软件公司）的云计算平台上开发的，Heroku公司提供了开发框架（Ruby on Rails）的PaaS（Platform as a Service，平台即服务），这是部署在EC2、S3等亚马逊云平台上的。

该公司还运用了大量新技术，如将Hadoop抽象化的高级工作流语言Cascading，以及用Java（计算机编程语言）编写的LISP（计算机程序设计语言）方言动态语言Clojure，等等，这对于技术“极客”们来说是相当有吸引力的。

三、大数据作为BI的进化形式

要想认识大数据，还需要理解商业智能(Business Intelligence，BI)的潮流和大数据之间的关系。对企业内外所存储的数据进行组织性、系统性的集中、整理和分析，从而获得对各种商务决策有价值的知识和观点，这样的概念、技术及行为称为BI。大数据是BI的进化形式，充分利用大数据不仅能够高效地预测未来，也能够提高预测的准确率。

BI的概念是由时任美国高德纳咨询公司分析师的霍华德·德雷斯纳(Howard Dresner)于1989年提出的。德雷斯纳当时提出的观点是，应该将过去100%依赖信息系统部门来完成的销售分析、客户分析等业务，通过让作为数据使用者的管理人员、一般商务人员等最终用户亲自参与，来实现决策的迅速化以及提高生产效率。

BI 的主要目的是分析从过去到现在发生了什么以及为什么会发生，并做出报告。也就是说，BI 是对过去和现在进行可视化的一种方式。

然而，现在的商业环境变化剧烈，对于企业及今后的活动来说，在对过去和现在进行可视化的基础上预测接下来会发生什么显得尤为重要。也就是说，从看到现在到预测未来，BI 也在不断地进化。

数据挖掘（Data Mining）即对未来进行预测，从规模庞大的数据中发现有价值的规则和模式，是一种非常有用的手段。为了让数据挖掘的执行更加高效，需要使用能够从大量数据中自动学习知识和有用规则的机器学习技术。从特性上来说，机器学习对数据的要求是越多越好。也就是说，它和大数据可谓“天生一对”。一直以来，机器学习的“瓶颈”在于如何存储并高效处理学习所需的大量数据。然而，随着磁盘价格的大幅下降、Hadoop 技术的诞生，以及云计算的普及，上述问题逐步得到解决。现实中，对大数据应用机器学习的实例不断涌现。

四、从交易数据分析到交互数据分析

对从像“卖出了一件商品”“一位客户解除了合同”这样的交易数据中得到的“点”信息进行统计还远远不够，人们想要得到的信息是“为什么卖出了这件商品”“为什么这位客户离开了”这样的上下文（背景）信息，而这类信息需要从与客户之间产生的交互数据这种“线”信息中探索得出。以非结构化数据为中心的大数据分析需求的不断增加，也正是对这种趋势的一种反映。

例如，亚马逊这种运营电子商务网站的企业可以通过网站的点击流数据追踪用户在网站内的行为，从而对用户从访问网站到最终购买商品的行为路线进行分析。这种点击流数据正是表现客户与公司网站之间相互作用的一种交互数据。

举例来说，如果企业知道通过点击站内广告最终购买产品的客户占比较高，那么针对其他客户就可以根据其过去的点击记录来推送他可能感兴趣的商品广告，从而提高其最终购买商品的概率。如果企业知道很多用户都会从某个特定的页面离开网站，就可以下功夫来改善这个页面的可用性。通过交互数据分析得到的价值是非常大的。

对于消费品公司来说，可以通过客户的会员数据、购物记录和呼叫中心通话记录等数据来寻找客户解约的原因。随着“社交化 CRM（客户关系管理）”呼声的不断高涨，越来越多的企业开始利用微信、推特等社交媒体来提供客户支持服务。上述数据都是反映企业与客户之间的交流信息的交互数据，只要对这些交互数据进行深入分析，企业就可以更加清晰地了解客户离开的原因。

一般来说，网络上的数据比真实世界中的数据更容易收集，因此来自网络的交互数据也越来越多地被企业所利用。不过，今后传感器等物态探测技术的发展和普及会推进对真实世界中交互数据的利用。

例如，在超市中，可以将由植入购物车中的 IC 标签（集成电路标签）收集到的顾客行动路线数据和 POS（刷卡机）等销售数据结合起来，从中分析出顾客购买或不购买某种商品的理由，这样的应用已经出现了；也可以通过分析监控摄像头的视频资料来分析店内顾客的行为。以前并不是没有对店内顾客的购买行为进行分析的方法，不过这种分析大多是由调查人员通过肉眼观察并记录的，这种记录是非数字化的，成本很高，而且收集到的数据也很有限。

今后更为重要的是对连接网络世界和真实世界的交互数据进行分析。在市场营销的世界中，O2O（Online to Offline，线上与线下的结合）已经成为一个热门的关键词。所谓 O2O，就是指网络上的信息（线上）对真实世界（线下）的购买行为产生的影响。举例来说，很多人在准备购买一种商品时会先到评论网站去查询商品的价格和评价信息，然后再到实体店去购买该商品。

在O2O中，网络上的哪些信息会与实际来店顾客的消费行为产生关联？对这种线索的分析，即对交互数据的分析显得尤为重要。

五、大数据在电力行业的应用

进入21世纪以来，电力市场受到巨大的冲击，尤其是在全球金融危机的影响下，电力行业面临更多的机遇和挑战。为了提高电力销量，保证企业在竞争中立于不败之地，并对企业进行具有前瞻性的分析，国家采取有效策略不断拓宽电力市场就显得尤为重要。据中国产业信息网了解，国家电力部门已经认识到扩大电力市场的重要意义，明确了电力是国家基础行业之一，并尽可能地采取行之有效的对策予以完善。

（一）电力行业的竞争格局

电力行业信息化的解决方案供应商分为三类：第一类是电力系统内部的科研院所和信息化建设单位。这类企业对电力行业的业务需求特点把握清晰，经验丰富，如国电南瑞、中电普华等，也包括一些网络公司信息中心独立后组建的企业，但多数规模较小。第二类是综合性软件企业。这类企业的技术水平较高，管理体系相对完善，如SAP（思爱普）、Oracle（甲骨文）、东软集团等。第三类是专注于电力信息化建设的专业性厂商。这类企业对用户需求把握深刻，专业性强，市场化程度较高，产品性价比高，对电力行业客户具有较高的专注度，典型厂商如朗新科技、恒华科技、远光软件等。行业内部竞争格局体现出专业化、市场化和集中化的特点：首先，智能电网建设进一步带动电力信息化建设朝着深化应用阶段发展，对信息化厂商的技术水平和对用户需求的精细化把握提出了更高的要求，专注于行业内的专业性厂商优势更为突出。其次，随着电力体制改革的进一步深化，参与电力行业信息化建设的主体将更加多元化，行业竞争更加市场化。此外，其他公用事业信息化行业也与电力信息化行业表现出相似的竞争格局特点。

（二）电力行业发展趋势

1. 电网营销将与互联网和移动应用实现协同

近几年，随着国有企业市场化改革的不断推进，电网公司营销管理、客户关系管理、智能电表、能效管理领域的信息化投资始终保持稳速增长，电网公司营销板块的信息化建设将一定程度上与互联网、移动应用创新实现协同，从而提升客户服务能力，方便居民用电。

2. 云计算和物联网技术的广泛应用

未来几年，云计算和物联网技术在电力行业等公用事业领域的应用将继续扩大和深化。目前，国家电网云计算应用研究与试点进一步推进，以两大电网公司为标杆的电力行业云计算框架已经铺就。

随着电网生产管理、电力营销系统建设的不断加速，物联网技术由于同厂级监控设备、输电网络二次设备及其他控制装置联系紧密，当前已经成为智能电网建设的重点之一。

随着智能电网建设的逐步推进，电力企业进一步加大设备状态监控、节点信息收集、远程自动控制的建设力度，物联网软硬件、智能二次设备、海量数据分析工具、高性能服务器方面的需求强劲。

3. 建设适应快速发展的数据中心

当前，数据中心已经成为企业信息化建设的重点，特别是电力行业的大型集团型企业。由于业务量不断增加，所产生和需要的数据量也迅速增加，能够承载业务稳固发展需求的数据中心成为大型电力企业不可或缺的一部分。随着电力行业需求的不断变化以及云计算、物联网等新技术的快速发展，传统的数据中心建设面临巨大的挑战，如节能、高额运维管理成本等，需建设适应快速发展需求的数据中心。

4. 大数据对数据利用提出更高的要求

随着国家智能电网与特高压工程的进一步推进，电网势必会产生更多的数据。电网的非结构化数据相对较多，如智能用电等营销数据。海量数据的涌现对数据挖掘和利用技术提出了更高的要求。

六、大数据相关技术的发展

大数据技术是一种新一代技术和构架，以快速的采集、处理和分析技术从各种超大规模的数据中提取价值。大数据技术的涌现和发展，使得我们处理海量数据更加轻松、迅速，它成为我们利用数据的好助手。大数据技术甚至可以改变许多行业的商业模式。

大数据技术的发展可以分为六大方向。

（一）大数据采集与预处理方向

大数据采集与预处理方向最常见的问题是，数据的多源性和多样性导致数据的质量存在差异，严重影响了数据的可用性。针对这些问题，很多公司推出了多种数据清洗和质量控制工具，如IBM的Data Stage（数据集成软件平台）。

（二）大数据存储与管理方向

大数据存储与管理方向最大的挑战是存储规模大，存储管理复杂，需要兼顾结构化、非结构化和半结构化的数据。分布式文件系统和分布式数据库相关技术的发展能够有效地解决这些方面的问题。在大数据存储与管理方向，尤其需要引起我们关注的是大数据索引和查询技术，以及实时及流式大数据存储与处理技术的发展。

（三）大数据计算模式方向

目前，由于大数据处理多样性的需求，出现了多种典型的计算模式，包括大数据查询分析计算（如 Hive）、流式计算（如 Storm）、处理计算（如 Hadoop MapReduce）、迭代计算（如 HaLoop）、图计算（如 Pregel）和内存计算（如 HANA），而基于这些计算模式发展形成的混合计算模式将成为满足多样性大数据处理和应用需求的有效手段。

（四）大数据分析与挖掘方向

在数据量迅速膨胀的情况下对数据进行深度的分析和挖掘，由此对自动化分析的要求越来越高，越来越多的大数据分析工具和产品应运而生，如用于大数据挖掘的 R Hadoop 版（运行 R 语言的 Hadoop）、基于 MapReduce（分布式并行编程框架）开发的数据挖掘算法等。

（五）大数据可视化分析方向

通过可视化方式帮助人们探索和解释复杂的数据，有利于决策者挖掘数据的商业价值，进而有助于大数据的发展。很多公司也在开展相应的研究，试图把可视化引入其不同的数据分析和展示产品中，各种可能相关的商品不断涌现。可视化工具 Tabealu 的成功上市反映了大数据可视化的需求。

（六）大数据安全方向

当我们用大数据分析和数据挖掘技术获取商业价值的时候，“黑客”

很可能在向我们发起攻击，并收集有用的信息。因此，大数据安全一直是企业和学术界重点关注的研究方向。通过文件访问控制来限制对数据的操作、基础设备加密、匿名化保护和加密保护等技术可以最大限度地保护数据安全。

第三节　大数据技术

在大数据时代，面对海量、复杂、碎片化的数据，需要借助大数据管理与应用技术对其进行采集、处理及全面深入的分析，才能挖掘出数据背后隐藏的价值并加以利用。本节将对大数据管理与应用过程中的关键环节进行概括性介绍。

一、数据采集

大数据环境下，管理者需要采集并融合海量且多源的数据，才可以从全局视角实现大数据的分析挖掘与价值增值。常见的数据采集途径包括公开数据库、付费数据库、网络爬虫、数据 API 接口、云平台数据、实时数据采集等。在采集到多源数据后，由于可能存在数据格式差异等问题，需要对数据进行融合整理，才能进一步开展数据处理及分析工作。进行多源数据融合的目的是将各种不同的数据信息综合起来，充分考虑不同数据源的优缺点，然后从中提取出统一的且比单一来源数据更好、更丰富的信息资源。

二、数据存储

作为数据处理的底层支撑，存储介质的更新和相关存储技术的发展是推动数据管理技术变革及发展的主要驱动力。数据存储是一种信息保留方式，它采用专门开发的技术保存相应数据并确保用户能在需要时对其进行访问。随着大数据的发展，传统的数据存储系统已经无法适应大数据的特性和用户的新需求，传统的数据存储管理系统在大数据框架下面临着扩容方式、存储模式及故障维护等方面的挑战。

三、数据处理与分析

数据处理的核心是从采集到的原始数据中提取有效信息，这对挖掘数据价值并进一步给出管理问题的解决方案有着重要意义。在大数据时代，数据生成、获取、存储的方式更加多元化，相应的数据处理与分析技术也需要不断发展。

第四节　大数据应用

在大数据时代，数据的影响已经渗透到国家经济社会生活的方方面面。大数据技术的广泛应用，对工业制造、农业生产、商业经济、政府管理等传统领域产生了颠覆性的影响，不仅推动了生产模式和商业模式的创新，也为完善社会治理、提升政府服务和监管能力提供了新的途径。

一、政府管理

政府拥有并管理着海量的数据资源。利用这些数据，政府能够更好地响应社会和经济指标的变化，解决城市管理、安全管控、行政监管中遇到的实际问题，提高决策的科学性以及管理的精细化水平。大数据在政府决策中的典型应用有以下几个方面。

（一）市场监管

大数据的先进理念、技术和资源，为政府加强对市场主体的服务和监管提供了良好的契机，推动市场监管从“园丁式监管”走向“大数据监管”。

（二）社会治理

政府通过对居民健康指数、流动人员管理、社会治安隐患等一系列在城市化进程中产生的大数据进行挖掘和利用，来改善决策，解决社会问题，从而提升政府的社会治理能力。

（三）政府数据开放与社会创新

政府是信息资源的最大拥有者，政府部门掌握着全社会大约80%的信息资源，而且这些信息资源通常具有较高的质量和可信度。政府推进大数据开放，能够带动更多相关产业飞速发展，产生经济效益，实现应用创新。

二、工业领域

随着信息化与工业化的深度融合，工业企业所拥有的数据日益丰富，包括设计数据、传感数据、自动控制系统数据、生产数据、供应链数据等。对工业大数据进行深度分析和挖掘，有助于提升产品设计、生产、销售、服务等各个环节的智能化水平，满足用户的定制化需求，提高生产效率并降低生产成本，为企业创造可量化的价值。

在产品研发设计环节，大数据可以拉近消费者与设计师之间的距离，精确量化客户需求，指导设计过程，改变产品设计模式，从而有效提高研发人员的创新能力、研发效率和产品质量。

在生产制造环节应用大数据分析功能，可以对产品生产流程进行评估及预测，对生产过程进行实时监控、调整，并针对发现的问题提供解决方案，实现全产业链的协同优化，完成数据由信息到价值的转变。

在市场营销环节，大数据技术用于挖掘用户需求、预测市场趋势，建立用户对商品需求的分析体系，寻找机会产品，进行生产指导和后期市场营销分析。企业通过建立科学的商品生产方案分析系统，并结合用户需求与产品生产，最终形成满足消费者预期的各品类商品生产方案。

在售后服务环节，工业企业通过整合产品运行数据、销售数据、客户数据，将传统的诊断方法与基于知识的智能机械故障诊断方法相结合，运用设备状态监测技术、故障诊断技术和计算机网络技术开展故障预警、远程监控、远程运维、质量诊断等在线增值服务，提供个性化、在线化、便捷化的智能化增值服务，扩展产品价值空间，使得以产品为核心的经营模式向“制造+服务”的模式转变。

如今，工业大数据已经成为工业企业提升自身生产力、竞争力、创新能力的关键，是驱动智能化产品、生产与服务，实现创新、优化的重要基础，有力推动了工业企业向智能化、数字化转型升级。

三、商业领域

大数据正在引发商业领域的一场变革。在此背景下，企业传统的市场营销、成本控制、客户管理和产品创新模式正在悄然发生改变，这将为激励新的商业模式和创造新的商业价值奠定基础。

（一）金融行业

金融行业会产生海量数据，大数据正在改变银行的运作方式，特别是在理解和洞察市场与客户方面产生了深远的影响。来自电子商务网站、顾客来访记录、商场消费信息等渠道的数据，为金融机构提供了全方位的客户信息，可以帮助金融机构提升决策效率，实现精准营销服务，增强风控管理能力。

（二）零售行业

目前人类社会已经进入大数据时代，未来企业必然会触碰到大数据。零售行业实际上是最早触碰大数据的，而且是对大数据非常敏感的一个行业，主要的原因就在于零售行业强大的大数据基础。

很多年前中国的零售商就已经对企业的数据，包括企业内部的营运数据、销售数据进行了有效的存储，这些数据对于零售商而言，在进入大数据时代以后都是非常宝贵的财富。

进入大数据时代，线上、线下零售企业积累了海量运营、交易、用户、外部市场等数据，这些数据的分析与挖掘结果将对零售产业价值链的各个环节产生重要的影响。在用户方面，通过数据分析，企业能够准确地判断用户的兴趣点、忠诚度和流失的可能性，实现用户洞察；在市场方面，根据对客户的分析，企业可以实现市场细分，进而调整营销策略，优化分销渠道；在商品方面，通过分析销售数据，企业可以将现有产品减存提利，优化产品组合，创造新产品和衍生产品。

（三）物流行业

在信息技术和大数据技术的综合影响下，物流行业正在向着信息化、自动化、智能化的方向发展，传统物流模式将逐步升级为更加高端的智慧物流。借助大数据技术，物流企业能够及时了解物流网络中各节点的运货需求和运力，从而合理配置资源，降低货车的超载率和返程空载率，提高运输效率。通过大数据分析，物流企业在物流中心选址过程中能够充分考虑产品特性、目标市场、交通情况等多方面因素，从而优化资源配置，降低配送成本。

（四）广告业

大数据技术为广告业带来了新的发展机遇，推动着广告业在消费者洞察、媒介投放方式、广告效果测评等方面进行变革。通过大数据挖掘，广告公司可以从消费者的内容接触痕迹、消费行为数据、受众网络关系等庞杂琐碎的非结构化数据中提炼出消费者的消费习惯、态度观念、生活方式等深度数据，形成360°用户画像，从而为科学合理地选择目标用户、广告内容、推送方式和投放平台提供指导，达到降低广告投入、提高客户转化率的目的。

四、公共服务领域

公共服务领域采用大数据技术，有助于提高公共服务决策的科学化水平，使得政府能够合理配置有限的公共资源，从而为社会公众提供更加个性化和精准化的服务。

目前，大数据在电信、交通管理、医疗卫生、教育、环境保护等行业或领域得到了广泛应用。

（一）电信行业

电信运营商拥有业务信息、网络信息、用户信息等丰富的数据资源，通过全面、深入的数据分析与挖掘，实现精细化的流量经营，创造个性化的客户体验，提供多元化的信息服务，从而推动电信行业的产业升级和商业创新。

（二）交通管理

通过对道路交通信息的实时挖掘，有效缓解交通拥堵，并快速响突发状况，为城市交通的良性运转提供科学的决策依据。

（三）医疗卫生

通过整合医疗、药品、气象和社交网络等相关医疗信息数据，为社会公众提供流行病跟踪与分析、临床诊疗精细决策、疫情监测及处置、疾病就医导航、健康自我检查等服务。

（四）教育行业

通过收集数字教育资源以及教师和学生的基本信息数据、行为数据及偏好数据，从而实现因材施教，优化教学过程，提高教学质量，为教育政策调整提供决策支持。

（五）环境保护

利用大数据技术对水质、气候、土壤、植被等环境信息进行分析与挖掘，可以更为科学合理地开发和利用自然资源，减少人们对生存环境的破坏，同时对空气、水源污染的分布情况及影响程度做出准确的预判，从而制定出科学合理的治理方案。

目前，随着越来越多的第三方服务机构的加入，不断有新的公众需求被挖掘出来，大数据在公共服务领域的应用场景也将日益丰富。

第五节　大数据带来的影响

大数据对科学研究、思维方式、社会发展、就业市场和人才培养都具有重要而深远的影响。在科学研究方面，大数据使人类的科学研究在经历了实验科学、理论科学、计算科学三种范式以后，又迎来了第四种范式——数据密集型科学；在思维方式方面，大数据具有“全样而非抽样、效率而非精确、相关而非因果”三大显著特征，完全颠覆了传统的思维方式；在社会发展方面，大数据决策逐渐成为一种新的决策方式，大数据的应用有力促进了信息技术与各行业的深度融合，大数据开发极大地推动了新技术和新应用的不断涌现；在就业市场中，大数据的兴起使得数据科学家成为热门人才；在人才培养方面，大数据的兴起将在很大程度上改变我国高校信息技术相关专业的现有教学和科研体制。

一、大数据对科学研究的影响

图灵奖获得者、著名数据库专家吉姆·格雷（Jim Gray）博士观察并总结认为，人类自古以来在科学研究方面先后历经了实验科学、理论科学、计算科学和数据密集型科学4种范式，具体如下。

第一种范式：实验科学

在最初的科学研究阶段，人类用实验来解决一些科学问题，著名的比萨斜塔实验就是一个典型实例。1590年，伽利略在比萨斜塔上做了“两个铁球同时落地”的实验，得出了重量不同的两个铁球同时下落的结论，从此推翻了亚里士多德“物体下落速度和重量成比例”的学说，纠正了这个持续了1900年之久的错误结论。

第二种范式：理论科学

实验科学的研究受到当时实验条件的限制，难以实现对自然现象更精确的理解。随着科学的进步，人类开始采用数学、几何、物理等理论构建问题模型并寻找解决方案。比如，牛顿第一定律、牛顿第二定律、牛顿第三定律构成了牛顿经典力学的完整体系，奠定了经典力学的概念基础，它的广泛传播及运用对人们的生活和思想产生了重大影响，在很大程度上推动了人类社会的发展。

第三种范式：计算科学

1946年，随着人类历史上第一台通用电子计算机ENIAC的诞生，人类社会步入了计算机时代，科学研究也进入了一个以“计算”为中心的全新时期。在实际应用中，计算科学主要用于对各种科学问题进行计算机模拟和其他形式的计算。通过设计算法并编写相应程序输入计算机中运行，人类可以借助计算机的高速运算能力去解决各种问题。计算机具有存储容量大、运算速度快、计算精度高、可重复执行等特点，是科学研究的利器，推动了人类社会的飞速发展。

第四种范式：数据密集型科学

随着数据的不断累积，其宝贵价值日益得到体现，物联网和云计算的出现更是促成了事物发展从量变到质变的转变，使人类社会开启了全新的大数据时代。如今，计算机不仅能做模拟仿真，还能进行分析总结并得出理论。在大数据环境下，一切都以数据为中心，从数据中发现问题、解决问题，真正体现数据的价值。大数据成为科学工作者的宝藏，从数据中可以挖掘出未知模式和有价值的信息，服务于生产和生活，推动科技创新和社会进步。虽然第三种范式和第四种范式都是利用计算机来进行计算，但是两者之间还是有本质的区别的。在第三种范式中，一般是先提出可能的理论，再收集数据，然后通过计算来验证；而第四种范式是先有大量已知的数据，然后通过计算得出之前未知的理论。

二、大数据对思维方式的影响

维克托·迈尔·舍恩伯格在《大数据时代：生活、工作与思维的大变革》一书中明确指出，大数据时代最显著的特征就是思维方式的三种转变，即全样而非抽样、效率而非精确、相关而非因果。

（一）全样而非抽样

过去，由于数据存储和处理能力的限制，在科学分析中通常采用抽样的方法，即从全集数据中抽取一部分样本数据，通过对样本数据的分析来推断全集数据的总体特征。通常来说，样本数据的规模比全集数据要小很多，因此我们可以在可控的代价范围内实现数据分析目的。现在，我们已经迎来大数据时代，大数据技术的核心就是海量数据的存储和处理，分布式文件系统和分布式数据库技术提供了理论上近乎无限的数据存储能力，分布式并行编程框架MapReduce提供了强大的海量数据并行处理能力。因此，有了大数据技术的支持，科学分析完全可以直接针对全集数据而不是抽样数据进行，并且可以在短时间内得到分析结果，速度之快，超乎我们的想象。

（二）效率而非精确

过去，我们在科学分析中采用抽样分析方法必须追求分析方法的精确性，因为抽样分析只是针对部分样本的分析，其分析结果被应用到全集数据以后，误差会被放大。这就意味着，抽样分析的微小误差被放大到全集数据以后可能会变成一个很大的误差。因此，为了保证误差被放大到全集数据时仍然在可以接受的范围内，就必须确保抽样分析结果的精确性。正因如此，传统的数据分析方法往往更加注重提高算法的精确性，其次才是提高算法效率。大数据时代采用全样分析方法而不是抽样分析方法，全样分析结果不存在误差被放大的问题。因此，追求高精确性已经不是其首要目标。相反，大数据时代数据分析具有“秒级响应”的特征，要求在几秒内就给出针对海量数据的实时分析结果，否则就会丧失数据价值，因此数据分析的效率成为关注的核心内容。

（三）相关而非因果

过去，数据分析主要有两个目的：一是解释事物背后隐藏的发展机制，比如，一个大型超市在某个地区的连锁店在某个时期内净利润大幅下降，这就需要IT部门对相关销售数据进行详细分析，从中找出产生该问题的原因；二是预测未来可能发生的事件，比如，实时分析微博数据，当发现人们对雾霾的讨论明显增加时，可以建议采购部门增加口罩的进货量，因为人们关注雾霾引发的直接结果是，大家会想要购买口罩来保障自己的身体健康。不管是哪个目的，其实都反映了一种“因果关系”；但是，在大数据时代，因果关系不再那么重要，人们转而追求“相关性”而非“因果性”。比如，当我们在淘宝上购买了一个汽车防盗锁后，淘宝会自动提示购买相同物品的其他客户还购买了汽车坐垫。也就是说，淘宝只会告诉我们“购买汽车防盗锁”和“购买汽车坐垫”之间存在相关性，但是并不会告诉我们为什么其他客户购买了汽车防盗锁以后还会购买汽车坐垫。

三、大数据对社会发展的影响

大数据对社会发展产生了深远的影响，具体表现在以下几个方面。

（一）大数据决策成为一种新的决策方式

根据数据进行决策，并非大数据时代所特有。从20世纪90年代开始，数据仓库和商务智能工具就被大量应用于企业决策。发展到今天，数据仓库已经是一个集成的信息存储仓库，既具备批量和周期性的数据加载能力，也具备数据变化的实时探测、传播和加载能力，并能结合历史数据和实时数据实现查询分析和自动规则触发，从而提供对战略决策（如宏观决策和长远规划等）和战术决策（如实时营销和个性化服务等）的双重支持；但是，数据仓库以关系型数据库为基础，无论是在数据类型还是数据量方面都有较大的限制。现在，大数据决策可以面向类型繁多的、非结构化的海量数据进行决策分析，已经成为受到追捧的全新决策方式。比如，政府部门可以把大数据技术融入“舆情分析”，通过对论坛、微博、微信、社区等多种来源的数据进行综合分析，弄清或测验信息中事实和趋势的本质，揭示信息中含有的隐性情报内容，对事物发展做出情报预测，协助实现政府决策，从而有效应对各种突发事件。

（二）大数据的应用促进了信息技术与各行业的深度融合

有专家指出，大数据将会在未来10年内改变几乎所有行业的业务功能。互联网、银行、保险、交通、材料、能源、服务等行业，不断累积的大数据将加速推进这些行业与信息技术的深度融合，开拓行业发展的新方向。比如，大数据可以帮助快递公司选择运费成本最低的最佳行车路径，协助投资者选择收益最大化的股票投资组合，辅助零售商有效定位目标客户群体，帮助互联网公司实现广告精准投放，还可以帮助电力公司做好配送电计划确保电网安全，等等。总之，大数据所触及的每个角落，都会使我们的社会生产和生活发生巨大且深刻的变化。

（三）大数据开发推动新技术和新应用的不断涌现

大数据的应用需求是大数据新技术开发的动力源泉。在各种应用需求的强烈驱动下，各种突破性的大数据技术将被不断提出并得到广泛应用，数据的能量也将不断得到释放。在不远的将来，原来那些仅依靠人类自身判断力的应用，将逐渐被各种基于大数据的应用所取代。比如，今天的汽车保险公司只能凭借少量的车主信息，对客户进行简单的类别划分，并根据客户的汽车出险次数制定相应的保费优惠方案，客户选择哪家保险公司都没有太大差别。而随着车联网的出现，“汽车大数据”将会深刻改变汽车保险业的商业模式，如果某家商业保险公司能够获取客户车辆的相关细节信息，并利用事先构建的数学模型对客户等级进行更加细致的判定，提供更加个性化的“一对一”优惠方案，那么毫无疑问，这家保险公司将具备明显的市场竞争优势，从而可以获得更多客户的青睐。

四、大数据对就业市场的影响

大数据的兴起使得数据科学家成为热门人才。2010年在高科技劳动力市场上还很难见到“数据科学家”的头衔，但此后，数据科学家逐渐发展为市场上最热门的职位之一，具有广阔的发展前景，并代表着未来的发展方向。互联网企业和零售、金融类企业都在积极争夺大数据人才，数据科学家成为大数据时代最紧缺的人才。

在过去的很长一段时期内，国内的数据分析主要局限在结构化数据分析方面，较少通过对半结构化和非结构化数据进行分析来捕捉新的市场空间；但是，大数据中包含了大量的非结构化数据，未来将会产生大量针对非结构化数据进行分析的市场需求，因此未来中国市场对掌握大数据分析专业技能的数据科学家的需求会逐年增长。

尽管有少数人认为未来有更多的数据会采用自动化处理方式，逐步降低对数据科学家的需求，但是仍然有更多的人认为，随着数据科学家给企业所带来的商业价值的日益显现，市场对数据科学家的需求会日益增加。

五、大数据对人才培养的影响

大数据的兴起将在很大程度上改变中国高校信息技术相关专业的现有教学和科研体制。一方面，数据科学家是一个需要掌握统计学、数学、机器学习、可视化、编程等多种专业知识的复合型人才，在中国高校现有的学科和专业设置中，上述专业知识分布在数学、统计学和计算机等多个学科中，任何一个学科都只能培养某个方向的专业人才，无法培养全面掌握数据科学相关知识的复合型人才。另一方面，数据科学家需要大数据应用实战环境，在真正的大数据环境中不断学习、实践并融会贯通，将自身专业背景与所在行业业务需求进行深度融合，从数据中发现有价值的信息，但是目前大多数高校还不具备这种培养环境，不仅缺乏大规模基础数据，也缺乏对领域业务需求的理解。鉴于上述两种原因，目前国内的数据科学家并不是由高校培养的，而主要是在企业实际应用环境中通过边工作边学习的方式不断成长起来的，其中，互联网领域集中了大多数的数据科学家。

不仅互联网行业需要数据科学家，类似金融、电信这样的传统行业在大数据项目中也需要数据科学家的参与。由于高校目前尚不具备大量培养数据科学家的基础和能力，传统行业的企业很可能会从互联网行业的企业中“挖墙脚”，以满足该行业的企业发展对数据分析人才的需求，造成企业用人成本高企，制约了企业的成长壮大。因此，高校应该秉承“培养人才、服务社会”的理念，充分发挥科研和教学综合优势，培养一大批具备数据分析基础能力的数据科学家，从而有效缓解数据科学家的市场缺口，为促进经济社会发展做出更大贡献。目前，国内很多高校都开始设立大数据专业或者开设大数据课程，加快推进大数据人才培养体系的建立。2014年，中国科学院大学开设首个“大数据技术与应用”专业方向，面向科研发展及产业实践，培养信息技术与行业需求相结合的复合型大数据人才；2014年清华大学成立数据科学研究院，推出多学科交叉培养的大数据硕士项目；2015年10月，复旦大学大数据学院成立，在数学、统计学、计算机、生命科学、医学、经济学、社会学、传播学等多个学科交叉融合的基础上，聚焦大数据学科建设、研究应用和复合型人才培养；2016年9月，华东师范大学数据科学与工程学院成立，其新设置的本科专业“数据科学与工程”，是华东师范大学除“计算机科学与技术”和“软件工程”之外第三个与计算机相关的本科专业；厦门大学于2013年开始在研究生层面开设大数据课程，并建设了国内首个高校大数据课程公共服务平台；2016年，北京大学、中南大学、对外经济贸易大学三所高校成为国内首批获得教育部批准设立“数据科学与大数据技术专业”的本科院校。自2015年以来，中国高校开设的数据技术相关专业已通过七次审批。截至目前，共计795所高校获批开设数据技术相关专业，占全国1272所本科高校的62.5%。

高校培养数据科学家应采取“两条腿走路”的策略，即“引进来”和“走出去”。所谓“引进来”，是指高校要加强与企业间的紧密合作，从企业引进相关数据，为学生搭建接近企业实际应用的、仿真的大数据实战环境，让学生有机会理解企业业务需求和数据形式，为开展数据分析奠定基础，同时从企业引进具有丰富实战经验的高级人才来承担数据科学家相关课程的教学任务，切实提高教学质量、水平和实用性。所谓“走出去”，是指积极鼓励和引导学生走出校园，进入互联网、金融、电信等行业具备大数据应用环境的企业中开展实践活动，同时努力加强产、学、研合作，创造条件让高校教师参与到企业大数据项目中，实现理论知识与实际应用的深度融合，锻炼高校教师的大数据实战能力，为更好地培养数据科学家奠定基础。

在课程体系设计上，高校应该打破学科界限，设置跨院系、跨学科的“组合课程”，由来自计算机、数学、统计学等不同院系的教师构建联合教学师资力量，多方合作，共同培养具备大数据分析基础能力的数据科学家，使其全面掌握包括数学、统计学、数据分析、商业分析和自然语言处理等在内的系统知识，具备独立获取知识的能力，并具有较强的实践能力和创新意识。

2

第二章

大数据与云计算、物联网

第一节　云计算

云计算（cloud computing）是目前IT行业最为热门的话题之一，谷歌、亚马逊、雅虎等互联网服务商，IBM、微软等IT厂商纷纷提出了自己的云计算战略，云计算平台极低的成本成为业界关注的焦点。云计算与大数据之间相辅相成、相得益彰。大数据挖掘处理需要云计算作为平台，而大数据中蕴含的价值和规律能够让云计算更好地与行业应用结合并发挥更大的作用。

一、云计算概述

“云”实质上就是网络，从狭义上讲，云计算就是一种提供资源的网络，使用者可以随时获取“云”上的资源，按需求量使用，并且可以看成是可无限扩展的，只需按使用量付费即可，“云”就像自来水厂一样，人们可以随时接水，并且不限量，按照自家的用水量付费给自来水厂即可。从广义上讲，云计算是与信息技术、软件、互联网相关的一种服务，这种计算资源共享池叫作“云”，云计算把许多计算资源集合起来，通过软件实现自动化管理，只需要很少的人参与就能实现资源的快速提供。也就是说，计算能力作为一种商品，可以在互联网上流通，就像水、电、煤气一样，可以方便地取用，且价格低廉。

总之，云计算不是一种全新的网络技术，而是一种全新的网络应用概念，云计算的核心概念就是以互联网为中心，在网站上提供快速且安全的云计算服务与数据存储服务，让每一个使用互联网的人都可以使用网络中的庞大计算资源与数据中心。

云计算是继互联网、计算机之后信息时代的又一次革新，云计算是信息时代的一次大飞跃，未来的时代可能是云计算的时代，虽然目前有关云计算的定义有很多，但概括来说，云计算的基本含义是一致的，即云计算具有很强的可扩展性和需要性，可以为用户提供一种全新的体验，云计算的核心是可以将很多的计算机资源协调起来，使用户通过网络就可以取到无限的资源，同时获取的资源不受时间和空间的限制。

云计算，是一种基于互联网的超级计算模式，在远程的数据中心里，成千上万台计算机和服务器连接成一片计算机云。因此，云计算甚至可以让人们体验每秒 10 万亿次的运算能力，拥有如此强大的计算能力甚至可以模拟核爆炸、预测气候变化和市场发展趋势。用户通过计算机、笔记本电脑、智能手机等方式接入数据中心，按自身需求进行运算。

二、云计算的分类

云计算是这样一种变革：由谷歌、IBM 这样的专业网络公司来搭建计算机存储、运算中心，用户通过一根网线借助浏览器就可以很方便地进行访问，把“云”作为资料存储及应用服务中心。

云计算服务通常可以分为三类，包括基础设施即服务（IaaS）、平台即服务（PaaS）、功能即服务（FaaS）。

（一）基础设施即服务（IaaS）

IaaS 将硬件设备等基础资源封装成服务，供用户使用。在 IaaS 环境中，用户相当于在使用裸机和磁盘，既可以让它运行 Windows（视窗电脑操作系统），也可以让它运行 Linux（操作系统内核）。在基础层面上，IaaS 公有云供应商提供存储和计算服务。所有主要公有云供应商提供的服务都是惊人的，其中包括高可伸缩数据库、虚拟专用网络、大数据分析、开发工具、机器学习、应用程序监控等。AWS（亚马逊网络服务）是第一个 IaaS 供应商，而且目前仍是该领域的领导者，紧随其后的是微软 Azure、谷歌云平台和 IBM Cloud。IaaS 的最大优势在于它允许用户动态申请或释放节点，按使用量计费。IaaS 是由公众共享的，因而具有更高的资源使用效率。

（二）平台即服务（PaaS）

PaaS 进一步抽象硬件资源，提供用户应用程序的运行环境，比较典型的如谷歌应用引擎。PaaS 自身负责资源的动态扩展和容错管理，用户应用程序不必过多考虑节点间的配合问题；但与此同时，用户的自主权降低，必须使用特定的编程环境并遵照特定的编程模型，只适用于解决某些特定的计算问题。PaaS 所提供的服务和工作流专门针对开发人员，他们可以使用共享工具、流程和 API 加速开发、测试和部署应用程序。对于企业来说，PaaS 可以确保开发人员对已就绪的资源的访问，遵循一定的流程且只使用特定系列的服务，运营商则负责维护底层基础设施。值得一提的是，专供移动端开发人员使用的 PaaS 一般称作 MBaaS（移动后端即服务），或称作 BaaS（后端即服务）。

（三）功能即服务（FaaS）

云计算技术的核心是服务化，因此需要提供闭环且灵活的服务。云计算也在持续发展中，从最初的基础设施即服务（IaaS）、平台即服务（PaaS）、软件即服务（SaaS），陆续演化出数据库即服务（DBaaS）、容器即服务（CaaS）。一种更加细分的服务化叫作 FaaS（Functions as a Service），可以广义地理解为功能即服务，也可以解释为函数即服务。使用 FaaS 只需关注业务代码逻辑，而无须关注服务器资源，所以 FaaS 也与开发者无须关注服务器密切相关。可以说，FaaS 提供了更加细分和抽象的服务化能力。

三、云计算的基本特点

企业数据中心通过使计算分布在大量的分布式计算机上，而非本地计算机或远程服务器中，使其运行方式与互联网更相似。这使得企业能够将资源切换到需要的应用上，并根据需求访问计算机和存储系统。云计算有以下特点。

（一）超大规模

“云”具有相当大的规模，谷歌云计算已拥有上百万台服务器；亚马逊、IBM、微软、雅虎等云服务均拥有几十万台服务器；企业私有云一般可拥有成百上千台服务器。“云”能赋予用户前所未有的计算能力。

（二）高可靠性

分布式数据中心可以将“云”端的用户信息备份到地理上相互隔离的数据库主机中，甚至连用户自己也无法判断信息的确切备份位置。云计算的该特征不仅提供了数据恢复的依据，也使网络病毒和网络“黑客”的攻击因失去目的性而徒劳无功，从而大大提高了系统的安全性和容灾能力。

（三）虚拟化

云计算支持用户在任意位置、使用各种终端获取应用服务。所请求的资源来自“云”，而非固定的有形实体。应用在“云”中某处运行，但用户无须了解，也不必关心应用运行的具体位置。

（四）高可扩展性

目前主流的云计算平台均采用SPI（外围设备接口），架构在各层集成功能各异的软硬件设备和中间件软件上。大量中间件软件和设备提供对该平台的通用接口，允许用户添加本层的扩展设备。部分“云”与“云”之间提供对应接口，允许用户在不同“云”之间进行数据迁移。类似功能在更大程度上满足了用户需求、集成了计算资源，是未来云计算的发展方向之一。

（五）按需服务

“云”是一个庞大的资源池，可以像自来水、电、煤气那样计算，并按需购买。

（六）价格低廉

“云”的特殊容错措施使得可以采用价格低廉的节点来构成“云”。“云”的自动化集中式管理使大量企业无须负担日益高昂的数据中心管理成本，“云”的通用性使资源的利用率较传统系统获得了大幅提升，因此用户可以充分享受“云”的低成本优势。

四、云计算关键技术

云计算是一种新型的超级计算方式，以数据为中心，是一种数据密集型的超级计算。在数据存储、数据管理、编程模式等多个方面具有自己独特的技术，同时涉及众多其他技术。下面主要介绍云计算特有的技术，包括数据存储技术、数据管理技术、虚拟机技术等。

（一）数据存储技术

近年来，云计算技术的广泛普及使得数据存储技术得到了极大的改善。传统的数据存储模式受到巨大挑战，而基于云计算的数据存储技术成为新的选择。

1. 数据存储概述

为保证自身的高可用性、高可靠性和经济性，云计算采用分布式存储的方式来存储数据，采用冗余存储的方式来保证存储数据的可靠性，即为同一份数据存储多个副本。另外，云计算系统需要同时满足大量用户的需求，并行地为大量用户提供服务。因此，云计算的数据存储技术必须具备高吞吐率和高传输率的特点。云计算的数据存储技术主要有谷歌的非开源的 GFS（谷歌文件系统）以及 Hadoop 开发团队开发的 GFS 的开源实现 HDFS（Hadoop 分布式文件系统）。

大部分 IT 厂商（如雅虎、英特尔）的“云”计划采用的是 HDFS 的数据存储技术。云计算的数据存储技术未来的发展将集中在超大规模的数据存储、数据加密和安全性保证以及继续提高 I/O 速率等方面。

以 GFS 为例，GFS 是一个管理大型分布式数据密集型计算的可扩展的分布式文件系统。它使用廉价的商用硬件搭建系统并向大量用户提供容错的高性能服务。

GFS 和普通的分布式文件系统有以下区别。

GFS 系统由一个 Master（主节点）和大量块服务器构成。Master 用于存放文件系统的所有元数据，包括名字空间、存取控制、文件分块信息、文件块的位置信息等。GFS 中的文件被切分为 64MB 的块进行存储。在 GFS 文件系统中，采用冗余存储的方式来保证数据的可靠性，每份数据在系统中保存 3 个以上的备份。为了保证数据的一致性，对于数据的修改需要在所有的备份上同时进行，并采用版本号的方式来确保所有备份均处于一致状态。客户端不通过Master读取数据，以免大量读操作使Master成为系统“瓶颈”。

客户端从Master中获得目标数据块的位置信息后，直接和块服务器交互进行读操作。GFS的写操作将写操作控制信号和数据流分开，即客户端在获得Master的写授权后将数据传输给所有的数据副本，在所有的数据副本都收到修改的数据后，客户端才发出写请求控制信号。在所有的数据副本更新完数据后，由主副本向客户端发出写操作完成控制信号。

云计算的数据存储技术并不仅只是GFS，其他IT厂商，包括微软、Hadoop开发团队也在开发相应的数据管理工具。其本质上是分布式的数据存储技术以及与之相关的虚拟化技术，对上层屏蔽具体的物理存储器的位置、信息等。快速的数据定位、数据安全性、数据可靠性以及底层设备内存储数据量的均衡性等方面都需要继续研究完善。

2. 云存储计量单位

在云计算领域中，其存储容量的计量单位也发生了质的变化，除了此前通常使用的KB、MB、GB和TB以外，还引入了PB、EB、ZB、YB等海量存储单位，如表2-1所示。

表2-1　云计算领域的存储计量单位

存储单位	意义	计算式	存储空间类比
1bit	比特	1个二进制位	可存放一个二进制码
1B	字节	8个二进制位	可存放一个英文字母、一个符号或一个英文标点，而一个汉字要占2字节
1KB	千字节	1024B（2^{10}B）	可存放一则短篇故事，大约500个汉字

续表

存储单位	意义	计算式	存储空间类比
1MB	兆字节	1024KB（2^{20}B）	可存放一则短篇小说的文字内容，大约50万个汉字
1GB	吉字节	1024MB（2^{30}B）	可存放贝多芬第五交响曲的乐谱内容
1TB	太字节	1024GB（2^{40}B）	可存放一家大型医院所有的X光片信息，可存储20万张照片或者20万首MP3歌曲
1PB	拍字节	1024TB（2^{50}B）	相当于2个数据中心的存储量，可存放50%的全美学术研究图书馆藏书信息内容
1EB	艾字节	1024PB（2^{60}B）	相当于2000个数据中心的存储量，5EB相当于至今全世界人类所讲过的话语
1ZB	泽字节	1024EB（2^{70}B）	200万个数据中心，其存储器的大小相当于纽约曼哈顿（面积59.5km²）所有建筑物之和的五分之一，也相当于全世界海滩上的沙子数量的总和
1YB	尧字节	1024ZB（2^{80}B）	20亿个数据中心，存储器的大小相当于我国中等规模的省，也相当于7000个成人体内的微细胞数量的总和

（二）数据管理技术

云计算系统对大数据集进行处理、分析，并向用户提供高效的服务。因此，数据管理技术必须能够高效地管理大数据集。此外，如何在规模庞大的数据中找到特定的数据，也是云计算数据管理技术必须解决的问题。云计算的特点是对海量的数据进行存储、读取，并进行大量的分析，数据的读操作频率远大于数据的更新频率，“云”中的数据管理是一种读优化的数据管理。因此，云系统的数据管理往往采用数据库领域中列存储的数据管理模式，将表按列划分后再进行存储。

云计算的数据管理技术中最著名的是谷歌提出的 BigTable（分布式数据存储系统）数据管理技术。由于采用列存储的方式管理数据，如何提高数据的更新速率以及进一步提高随机读速率是未来的数据管理技术必须解决的问题。

以 BigTable 为例，BigTable 数据管理方式的设计者给出了如下定义："BigTable 是一种为了管理结构化数据而设计的分布式存储系统，这些数据可以扩展到非常大的规模，例如在数千台商用服务器上的达到 PB 规模的数据。"BigTable 对数据读操作进行优化，采用列存储的方式提高数据读取效率。

BigTable 的基本元素是行、列、记录板和时间戳。其中，记录板是一段行的集合体。BigTable 中的数据项按照行关键字的字典序排列，并将各行动态地划分到记录板中。每个节点管理大约 100 个记录板。时间戳是一个 64 位的整数，表示数据的不同版本。列族是若干列的集合，BigTable 中的存取权限控制在列族的粒度进行。BigTable 在执行时需要 3 个主要的组件，即链接到每个客户端的库、一个主服务器和多个记录板服务器。主服务器用于分配记录板到记录板服务器以及负载平衡、垃圾回收等。记录板服务器用于直接管理一组记录板，处理读写请求等。为保证数据结构的高可扩展性，BigTable 采用三级的、层次化的方式来存储位置信息。

其中，第一级的 Chubby file（分布式锁服务文件）中包含了 Root Tablet（根索引层）的位置信息，Root Tablet 有且仅有一个，包含所有 Metadata tablet（元数据子表）的位置信息，每个 Metadata tablet 包含许多 User Table（用户表）的位置信息。当客户端读取数据时，首先从 Chubby file 中获取 Root Tablet 的位置，并从中读取相应的 Metadata tablet 的位置信息。然后从该 Metadata tablet 中读取包含目标数据位置信息的 User Table 的位置信息，从该 User

Table 中读取目标数据的位置信息项，再据此信息到服务器中的特定位置读取数据。

这种数据管理技术虽然已经投入使用，但仍然有不足。例如，对类似数据库中的 join（连接）操作效率太低，表内的数据如何切分存储，数据类型限定为 string（字符串）类型过于简单，等等。微软的 DryadLINQ 系统则将操作对象封装为 NET 类，这样有利于对数据进行各种操作，同时对连接进行优化，得到比“BigTable+MapReduce”更快的连接速率和更易用的数据操作方式。

（三）虚拟机技术

虚拟机，即服务器虚拟化，是云计算底层架构的重要基石。在服务器虚拟化中，虚拟化软件需要实现对硬件的抽象，资源的分配、调度和管理，虚拟机与宿主操作系统及多个虚拟机间的隔离等功能，目前比较典型的系统有 Citrix XenServer（思杰虚拟化服务器）、VMware ESX Server（威睿管理虚拟化服务器）和 Microsoft Hyper-V（微软虚拟机监控程序）等。

（四）分布式编程与计算

为了使用户能轻松地享受云计算带来的服务，使用户能利用云计算上的编程模型编写简单的程序来实现特定的目的，该编程模型必须十分简单易用，必须保证后台复杂的并行执行和任务调度对用户及编程人员透明。当前各 IT 厂商提出的“云”计划的编程工具均是基于 MapReduce 的编程模型。

（五）虚拟资源的管理与调度

云计算区别于单机虚拟化技术的重要特征是通过整合物理资源形

成资源池，并通过资源管理层（管理中间件）实现对资源池中虚拟资源的调度。云计算的资源管理需要完成资源管理、任务管理、用户管理和安全管理等工作，实现节点故障屏蔽、资源状况监视、用户任务调度、用户身份管理等多重功能。

（六）云计算的业务接口

为了方便用户业务由传统 IT 系统向云计算环境的迁移，云计算应对用户提供统一的业务接口。业务接口统一不仅方便用户业务向“云”端迁移，也使用户业务在“云”与“云”之间的迁移成为可能。在云计算时代，SOA（面向服务架构）和以 Web Service（网络服务）为特征的业务模式仍然是业务发展的主要路线。

（七）云计算的安全技术

云计算模式带来了一系列安全问题，包括用户隐私保护、用户数据备份、云计算基础设施防护等问题，这些问题都需要通过更强的技术手段甚至法律手段去解决。

五、云计算的应用

较为简单的云计算技术已经普遍应用于如今的互联网服务中，最为常见的就是网络搜索引擎和电子邮箱。

大家最熟悉的搜索引擎莫过于谷歌和百度，无论何时何地，用户都可以通过移动终端或浏览器在搜索引擎上搜索自己想要的资源，并通过“云”端共享数据资源。电子邮箱也是如此。过去发一封信件是一件比较麻烦的事情，而且收件者需要等待很长时间，在云计算技术和网络技术的推动下，电子邮箱成为社会生活的一部分，只要是在网络环境下就可以实现实时的邮件收发。其实，云计算技术已经融入现今的社会生活。下面列举并简单介绍云计算的相关应用。

（一）存储云

存储云，又称云存储，是在云计算技术基础上发展起来的一种新的存储技术。云存储是一个以数据存储和管理为核心的云计算系统。用户可以将本地资源上传至“云”端，可以在任何地方连入互联网以获取“云”中的资源。大家所熟知的谷歌、微软等大型网络公司均提供云存储服务，在国内，百度云和微云是市场占有率最大的存储云。存储云向用户提供了存储容器服务、备份服务、归档服务和记录管理服务等服务，极大地方便了用户的资源管理。

（二）医疗云

医疗云，是指在云计算、移动技术、多媒体、4G/5G 通信、大数据及物联网等新技术基础上，结合医疗技术，使用云计算来创建医疗健康服务云平台，实现医疗资源的共享、医疗范围的扩大。因为运用与结合云计算技术，医疗云提高了医疗机构的工作效率，方便了居民就医。医院的预约挂号、电子病历、医疗保险等都是云计算与医疗领域结合的产物，医疗云还具有数据安全、信息共享、动态扩展、布局全国的优势。

（三）金融云

金融云，是指利用云计算的模型，将信息、金融和服务等功能分散到庞大的分支机构构成的互联网“云”中，旨在为银行、保险和基金等金融机构提供互联网处理和运行服务，同时共享互联网资源，从而解决现有问题并达到高效、低成本的目标。2013 年 11 月，阿里云整合阿里巴巴集团旗下资源并推出阿里金融云服务，其实就是当前普及的快捷支付，由于金融与云计算的结合，用户只需要在手机上简单操作，就可以完成银行存款、购买保险和基金买卖。现在，不仅阿里巴巴集团推出了金融云服务，苏宁、腾讯等企业也纷纷推出了自己的金融云服务。

（四）教育云

教育云，实质上是指教育信息化的发展。教育云可以将所需要的任何教育硬件资源虚拟化，然后将其传入互联网中，为教育机构、学生和教师提供了一个方便快捷的平台。

现在流行的慕课就是教育云的一种应用。慕课（MOOC），是指大规模开放的在线课程，它被誉为“印刷术发明以来教育最大的革新”，有力地促进了现代教育的发展。来自美国的 Coursera、edX、Udacity 被誉为世界三大慕课平台，为全世界的学习者提供了系统学习的条件，使得全球知名的高等院校纷纷投入慕课的研究和建设当中。国内的知名大学也在自主或联合开发自己的 MOOC 平台和在线学习平台。例如：清华大学自主开发的“学堂在线”，面向全球提供在线课程，不仅为广大学习者提供了自主学习的空间，也回应了国际高等教育新的竞争格局的挑战，许多大学使用“学堂在线”开设了 MOOC 课程；西南交通大学与台湾交通大学、上海交通大学、西安交通大学、北京交通大学共同建设开放式 MOOC 课程平台；上海交通大学联合北京大学、清华大学、复旦大学等 12 所大学共同组成“在线课程共享联盟”；等等。此外，国内一些网站也为 MOOC 提供了一定的平台，如网易公开课、过来人公开课、爱课程网 MOOC 频道、果壳网 MOOC 自习教室等。

（五）云数据存储中心（IDC云）

IDC 云在 IDC 原有数据中心的基础上，加入了更多的“云”基因，如系统虚拟化技术、自动化管理技术和智慧能源监控技术等。通过 IDC

云平台，用户能够使用虚拟机和存储资源等。此外，IDC 还可以通过引入新的云技术提供更多新的、具有一定附加值的服务，如 PaaS 等。现在已成型的 IDC 云有 Linode（美国 VPS 提供商）和 Rackspace（全球三大云计算中心之一）等。

（六）企业云

企业云非常适用于那些需要提升内部数据中心的运维水平以及希望能使整个 IT 服务进一步围绕业务展开的大中型企业。相关的产品和解决方案有 IBM 的 WebSphere CloudBurst Appliance（创建、管理私有云环境的工具）、Cisco（美国思科公司）的 UCS（统一计算系统）、VMware（美国威睿公司）的 vSphere（虚拟化平台）等。

（七）云存储系统

云存储系统可以补充本地存储在管理上的缺失，降低数据的丢失率，它通过整合网络中的多种存储设备对外提供云存储服务，并能管理数据的存储、备份、复制和存档，云存储系统非常适合那些需要管理和存储海量数据的企业使用。

（八）虚拟桌面云

虚拟桌面云可以解决传统桌面系统成本较高的问题，它利用了现在成熟的桌面虚拟化技术，更加稳定、灵活，而且系统管理员可以统一地管理用户在服务器端的桌面环境，该技术比较适用于那些需要使用大量桌面系统的企业。

（九）开发测试云

开发测试云可以解决开发测试过程中遇到的一些棘手问题，用户通过友好的 Web 界面可以预约、部署、管理和回收整个开发测试的环境，通过预先配置好（包括操作系统、中间件和开发测试软件）的虚拟镜像可以快速地构建一个个异构的开发测试环境，通过快速备份/恢复等虚拟化技术来重现问题，并利用“云”的强大的计算能力对应用进行压力测试，比较适合那些需要开发和测试多种应用的组织及企业使用。

（十）大规模数据处理云

大规模数据处理云能对海量数据进行大规模的处理，可以帮助企业快速进行数据分析，从中发现可能存在的商机和问题，从而做出更好、更快和更全面的决策。其工作过程是大规模数据处理云通过将数据处理软件和服务运行在云计算平台上，利用云计算的计算能力和存储能力对海量的数据进行大规模的处理。

（十一）协作云

协作云是云供应商在 IDC 云的基础上或者直接构建的一个专属的“云”，在这个“云”上搭建整套的协作软件并将其共享给用户，非常适合那些需要一定的协作工具但不希望维护相关软硬件和支付高昂的软件许可证费用的企业与个人使用。

（十二）游戏云

游戏云是将游戏部署至“云”中的一种技术，目前有两种应用模式：一种是基于 Web 的游戏模式，如使用 JavaScript（脚本）、Flash（网页动画）和 Silverlight（银光）等技术，并将游戏部署到“云”中，这种解决方案比较适合休闲游戏；另一种是为大容量和高画质的专业游戏设计的，整个游戏都将在“云”中运行，但会将最新生成的画面传至客户端，比较适合专业玩家。

（十三）高性能云计算（HPC云）

HPC 云能够为用户提供可以完全定制的高性能计算环境，用户可以根据自身需求来改变计算环境中的操作系统、软件版本和节点规模，从而避免与其他用户产生冲突，并可以成为网格计算的支撑平台，以提升计算的灵活性和便捷性。HPC 云特别适合需要使用高性能计算但缺乏巨资投入的普通企业和学校使用。

（十四）云杀毒

云杀毒技术可以在“云”中安装附带庞大的病毒特征库的杀毒软件，当发现有嫌疑的数据时，杀毒软件可以将其上传至“云”端，并通过“云”中庞大的特征库和强大的处理能力来分析该数据是否含有病毒，非常适合那些需要使用杀毒软件来捍卫其计算机安全的用户使用。

云计算具有广阔的发展前景，与之相关的各项关键技术也在迅速发展。首先，当前云计算系统的能耗过大，因此减少能耗，提高能源的使用效率，建造高效的冷却系统是云计算发展面临的一个主要问题。例如，谷歌数据中心的能耗相当于一个小型城市的总能耗。过大的能耗使得数据中心内发热量剧增，要保证云计算系统的正常运行，必须使用高效的冷却系统来保证数据中心在可接受的温度范围内运行。其次，云计算对面向市场的资源管理方式的支持力度有限。可以加强相应的服务等级协议，使用户和服务提供者能更好地协商所提供服务的质量。另外，需要对云计算的接口进行标准化并制定交互协议，以支持不同云计算服务提供者之间的交互与合作，以便提供更加强大、更高质量的服务。再次，需要开发出更易用的编程环境和编程工具，以便更便捷地创建云计算应用，拓展云计算的应用领域。最后，虽然云计算还有很多问题需要解决，但其本身具有强大的生长能力和发展空间，必将成为未来社会发展不可或缺的重要技术支撑。

第二节　物联网

物联网（Internet of Things，IOT）是一种基于互联网、传统电信等信息载体，让所有能够被独立寻址的普通物理对象实现互联互通的网络。物联网具有普通对象设备化、自治终端互联化和普适服务智能化3个重要特征。

一、物联网概述

物联网是指利用各种信息传感设备，如红外感应器、GPS（全球定位系统）、射频识别（Radio Frequency Identification，RFID）、激光扫描器等信息传感设备，按照约定的协议把相关物品与互联网连接起来，进行信息采集、交换和通信，以实现智能化识别、定位、跟踪、监控和管理的一种网络。这是一个未经官方审定但在国内被普遍应用的物联网定义。物联网与之前的无线传感器网络有相似之处，不过，物联网不是无线传感器网络，两者之间有很大的差别。

比较恰当的理解是，物联网是射频识别技术、无线传感器网络技术、互联网技术融合的产物。随着物联网的研究与应用的不断深入，能够为用户提供更为便利、更为深入日常生产与生活，使用户能利用个人手机、个人数字助理（Personal Digital Assistant，PDA）、个人计算机等各种移动终端通过无线（如移动通信网、无线局域网、蓝牙、红外线传感器等）或有线网络获得便利的服务。

物联网的主要功能在于将设备、服务、应用程序全部连接到互联网，让其发挥更大的作用，至于将什么设备连入物联网及连入原因几乎没有任何限制。物联网提高人类生活质量的重要方式在于让数据共享变得更加容易；物联网有助于简化我们的生活，从长远来看，物联网可以为人们处理一些琐碎的事情。

二、物联网的发展过程

物联网的实践最早可以追溯到1990年施乐公司推出的网络可乐贩售机（Networked Coke Machine）。

1998年，美国麻省理工学院创造性地提出了当时被称为“电子产品代码（Electronic Product Code，EPC）”系统的物联网构想。1999年，在EPC编码、RFID技术和互联网的基础上，MIT Auto-ID Center（麻省理工学院自动标识中心）提出了“物联网”的概念。2003年10月，非营利性组织全球产品电子代码管理中心（EPCglobal）出现，形成了基于因特网的RFID系统。

1999年，在美国召开的移动计算、无线通信与网络国际研讨会首先提出“物联网”的概念，这是当年MIT Auto-ID Center的凯文·阿什顿（Kevin Ashton）教授在研究RFID时提出的，他提出了结合物品编码、RFID和互联网技术的解决方案。当时基于互联网、RFID技术、EPC标准，在计算机互联网的基础上，利用射频识别技术、无线数据通信技术等构造了一个实现全球物品信息实时共享的实物互联网，即IOT，这也是在2003年掀起第一轮华夏物联网热潮的基础。

2003年，美国《技术评论》提出传感网络技术将成为未来改变人们生活的十大技术之首。2004年，互联网工程任务组（IETF）成立了基于低功耗无线个域网（LoWPAN）的IPv6工作组6LoWPAN，致力于研究在由IEEE 802.15.4链路构成的低功耗无线个域网中如何优化运行IPv6协议。这就为通过因特网直接寻址访问无线传感器网络节点（无须通过网关）提供了可能（使得无限传感器网络走向开放并可能成为一种Web服务）。

2005年11月17日，在突尼斯举行的信息社会世界峰会（WSIS）上，国际电信联盟（ITU）发布的《ITU互联网报告2005：物联网》中引用了“物联网”的概念。此时，物联网的定义和范围已经发生了变化，覆盖范围有了较大的拓展，不再仅指基于RFID技术的物联网。该报告指出，无所不在的“物联网”通信时代即将来临，世界上所有的物体，从轮胎到牙刷、从房屋到纸巾都可以通过互联网进行主动交换，射频识别技术、传感器技术、纳米技术、智能嵌入技术将得到更加广泛的应用。

2006年，美国国家科学基金会率先将信息物理融合系统（Cyber Physical System，CPS）作为重点支持的研究课题。CPS是一个以通信和计算为核心的、集成的、监控和协调行动的工程化物理系统，是计算、通信和控制的融合，具备很高的可靠性、安全性和执行效率。CPS试图突破原有传感器网络系统自成一体、计算设备单一、缺乏开放性等的缺点，注重多个系统间的互联互通，强调与互联网的联通，真正实现了开放的、动态的、可控的、闭环的计算和服务支持（感知和控制融合使得物联网更加强大，需要更加重视控制系统安全）。

2008年9月，IPSO（IP for Smart Objects）联盟成立，旨在推进网际互连协议（IP）在智能物体（smart object）中的应用（智能物体可视为一种通用的物联网终端模型，具有感知、识别、制动等多重功能）。

2009年1月，在总统“圆桌会议”上，作为仅有的两名代表之一的IBM首席执行官首次提出了“智慧地球”的概念。2009年美国能源部宣布投资 45 亿美元打造基于 M2M（Machine to Machine）技术的实时双向通信的智能电网。除 M2M 外，在美国最受关注的物联网应用是智能电网和远程医疗。这两个领域都是奥巴马政府低碳经济和医疗改革政策直接推动的结果（美国研究物联网是从具体应用入手的，重视智能电网、远程医疗等物联网的应用）。

IBM 希望“智慧地球”策略能掀起“互联网”浪潮之后的又一次科技产业革命。IBM 前首席执行官郭士纳曾提出一个重要的观点，认为计算模式每隔 15 年发生一次变革。这一判断像摩尔定律一样准确，人们把它称为“十五年周期定律”。1965 年前后发生的变革以大型机为标志，1980 年前后发生的变革以个人计算机的普及为标志，而 1995 年前后又发生了互联网革命。每次技术变革都会引起企业间、产业间甚至国家间竞争格局的重大动荡和变化，而互联网革命一定程度上是由美国“信息高速公路”战略催熟的。20 世纪 90 年代，美国克林顿政府计划用 20 年时间耗资 2000 亿～4000 亿美元，建设美国国家信息基础结构，创造了巨大的经济和社会效益。

今天，“智慧地球”战略被不少美国人认为与当年的“信息高速公路”有许多相似之处，同样被认为是振兴经济、确立竞争优势的关键战略。该战略能否掀起如当年互联网革命一样的科技和经济发展浪潮，不仅为美国所关注，更为世界所关注。

三、物联网的特征

物联网是各种感知技术的广泛应用。物联网上部署了海量的多种类型的传感器，每个传感器都是一个信息源，不同类别的传感器所捕获的信息内容和信息格式不同。物联网是一种建立在互联网上的泛在网络。物联网技术的重要基础和核心仍旧是互联网，通过各种有线和无线网络与互联网融合，将物体的信息实时准确地传递出去。物联网不仅提供了传感的连接，其本身也具有智能处理的能力，能够对物体实施智能控制。物联网将传感器和智能处理相结合，利用云计算、模式识别等各种智能技术扩充其应用领域。对传感器获得的海量信息进行分析、加工和处理，从中找出有意义的数据，以适应不同用户的不同需求，发现新的应用领域和应用模式。和传统互联网相比，物联网有其鲜明的特征。

（一）实时性

由于信息采集层的工作可以实时进行，所以物联网能够保障所获得的信息是实时的真实信息，从而最大限度地保证了决策处理的实时性和有效性。

（二）大范围

由于信息采集层设备相对廉价，物联网系统能够对现实世界中大范围内的信息进行采集分析和处理，从而提供足够的数据和信息以保障决策处理的有效性，随着 Ad-hoc（点对点）技术的引入，获得了无线自动组网能力的物联网进一步扩大了其传感范围。

（三）自动化

物联网的设计愿景是用自动化的设备代替人工，三个层次的所有设备都可以实现自动化控制，因此物联网系统一经部署，一般就不再需要人工干预，既能提高运作效率、减少出错概率，又能够在很大程度上降低维护成本。

（四）全天候

由于物联网系统在部署之后会自动化运行，无须人工干预，因此其布设可以基本不受环境条件和气象变化的限制，实现全天候运行，从而使整套系统更为稳定有效。

（五）接入对象比较复杂，获取的信息更加丰富

当前的信息化，接入对象虽然也包括PC（个人计算机）、手机、传感器、仪器仪表、摄像头、各种智能卡等，但主要还是人工操作的PC、手机、智能卡等，所接入的物理世界信息也较为有限。未来的物联网接入对象包含了更加丰富的物理世界，不但包括现在比较普及的PC、手机、智能卡，传感器、仪器仪表、摄像头等也将获得更加普及的应用，轮胎、牙刷、手表、工业原材料、工业中间产品等物体也因嵌入微型感知设备而被纳入其中，所获取的信息不仅包括人类社会的信息，也包括更为丰富的物理世界信息，如压力、温度、湿度、体积、重量、密度等。

（六）网络可获得性更高，互联互通更为广泛

当前的信息化，虽然网络基础设施日益完善，但是离“任何人、任何时候、任何地点”都能接入网络的目标还有一定的距离，而且即使已接入网络的信息系统很多，也并未实现真正意义上的互联互通，信息孤岛现象较为严重。未来的物联网，不仅基础设施非常完善，网络的随时、随地可获得性也大为增强，接入网络的关于人的信息系统互联互通性更高，并且人与物、物与物的信息系统达到了广泛的互联互通，信息共享和互操作性也达到了很高的水平；信息处理能力更加强大，人类与周围世界的相处更为智能化。

当前的信息化，由于受到数据、计算能力、存储、模型等因素的限制，大部分信息处理工具和系统还停留在以提高效率为目的的数字化阶段，部分能起到改善人类生产、生活流程的作用，但是能够为人类决策提供有效支持的系统还很少。未来的物联网，不仅能提高人类的工作效

率、改善工作流程，而且能够运用云计算等思想，借助科学模型，广泛采用数据挖掘等知识发现技术整合并深入分析收集到的海量数据，以获取更加新颖、系统且全面的观点及方法来看待并解决特定问题。

四、物联网关键技术

物联网是未来信息技术的重要组成部分，涉及政治、经济、文化、社会和军事等各个领域。从原动力来说，主要是国家层面在推动物联网的建设和发展。我国推动物联网发展的主要目的是，在国家的统一规划和推动下，在农业、工业、科学技术、国防及社会生活的各个方面应用物联网技术，深入开发、广泛利用信息资源，加速实现国家现代化以及由工业社会向信息社会的转型。

对于企业来说，物联网意味着在以政策、法规、标准、安全为保障的体系下争夺物联网人才，开发应用物联网技术的庞大产业。物联网是物联化、智能化的网络，它的技术发展目标是实现全面感知、可靠传递和智能处理。虽然物联网的智能化是体现在各处和全体上，但其技术发展方向的侧重点是智能服务方向。

物联网的关键技术包括实时信息采集技术，物联网传输技术，物联网海量数据融合、存储与挖掘技术，RFID 标签技术，信息安全技术等。接下来主要介绍物联网的上述 5 项关键技术。

（一）实时信息采集技术

感知层需要利用传感技术、视频监控技术、射频识别技术、全球定位技术进行各种数据及时间的实时测量、采集、事件收集、数据抓取和识别。同时，感知层还需要完成本地信息的汇聚工作，并将融合后的信息传输至网络层的接入设备。

物联网中大量节点密集分布，海量信息在节点中汇聚后上传到上层数据中心进行处理，此时网络通信量巨大，产生的冲突率很高，因此在传输数据的同时应对数据进行处理，将其汇聚成更符合用户需求的数据，以减轻网络传输拥塞，减少网络延迟。

网内协作模式的信息聚合以网内节点的协作互助为基本方式。从技术手段来看，信息聚合技术的研究方向主要有空间策略的信息聚合和时间策略的信息聚合。

（二）物联网传输技术

感知层完成信息采集后需要通过网络层上传到数据中心进行分析处理。如何将时时嵌入系统和传感网紧密结合并通过多模式接入、自组织的路由寻址方式实现节点协作数据传输是未来需要研究突破的核心技术之一。需要特别指出的是，互联网是网与网之间的无缝连接，这是互联网区别于其他网络的典型特征。目前物联网从技术上尚不能实现像互联网一样，变成一个所有子网都可以无缝接入的全球一体化网络。这说明物联网的核心技术突破还有很长的一段路要走。

（三）物联网海量数据融合、存储与挖掘技术

对从网络层传输来的多种信息进行优化分析，实行智能化处理并服务于决策。要研究建立统一的数据模型，并将跨域、异构、动态的数据及数据操作方法整合在同一模型中，同时对结构化数据、非结构化数据及半结构化数据采用不同的方式进行管理。在内部通过目录建立不同类型数据之间的联系，对外通过检测数据的类型，采用不同的方法进行处理，为多源数据的融合提供标准格式。另外，要研究、探索海量数据的分布式存储和索引技术，集中有效地对这些数据进行高效管理，实时统一定制给用户，以知识为目标，研究建立知识库及知识库的快速检索技

术，还要深入研究分类、聚类、关联知识挖掘等知识处理方法。

（四）RFID标签技术

RFID 标签技术也是一种传感器技术，RFID 技术是融合了无线射频技术和嵌入式技术的综合技术，RFID 在自动识别、物品物流管理方面有着广阔的应用前景。关于智能标签，也有人称其为无线射频识别标签，它是标签领域的高新技术产品，如今已在产品包装中发挥重要作用，将逐步替代传统的产品标签和条形码。智能标签是标签领域的新秀，它具有超越传统标签的功能，是电子技术和计算机技术等高新技术在标签印制上的结晶。

RFID 系统阅读器将要发送的信息经编码后加载在某一频率的载波信号上经天线向外发送，进入阅读器工作区域的电子标签接收此脉冲信号，卡内芯片中的有关电路对此信号进行调制、解码、解密，然后对命令请求、密码、权限等进行判断。若为读命令，控制逻辑电路从存储器中读取有关信息，经加密、编码、调制，通过卡内天线发送给阅读器，阅读器对接收到的信号进行解调、解码、解密后传送至中央信息系统进行相关数据处理；若为修改信息的写命令，有关控制逻辑引起的内部电荷泵提升工作电压，提供 EEP-ROM（擦写带电可擦可编程只读存储器）中的内容进行改写，若经判断其对应的密码和权限不符，返回出错信息阅读器将要发送的信息经编码后加载在某一频率的载波信号上，再经天线向外发送，进入阅读器工作区域后，电子标签接收此脉冲信号，卡内芯片中的有关电路对此信号进行调制、解码、解密，然后对命令请求、密码、权限等进行判断。

（五）信息安全技术

信息的无线和有线传输过程中都容易受到主动入侵、被动窃听、伪造、拒绝服务等网络攻击，因此需要不断研究新的数据加密技术、入侵检测技术、防克隆末端设备技术等。此外，还需要建立适用于分布式网络环境的广义信任评估模型和信任机制。

五、物联网系统结构

物联网由感知层、网络层和应用层组成。

（一）感知层

对于目前关注和应用较多的 RFID 网络来说，安装在设备上的 RFID 标签和用来识别 RFID 信息的扫描仪、感应器属于物联网的感知层。在这类物联网中被检测的信息是 RFID 标签的内容，高速公路不停车收费系统、超市仓储管理系统等都是基于这类物联网建立的。

用于场环境信息收集的智能微尘（smart dust）网络，感知层由智能传感节点和接入网关组成，智能节点感知信息（温度、湿度、图像等），并自行组网传递到上层网关接入点，由网关将收集到的感应信息通过网络层提交到后台进行处理。环境监控、污染监控等应用均是基于这类物联网。

感知层是物联网发展和应用的基础，RFID 技术、传感和控制技术、短距离无线通信技术是感知层涉及的主要技术，其中包括芯片研发、通信协议研究、RFID 材料、智能节点供电等细分技术。

（二）网络层

物联网的网络层建立在现有的移动通信网和互联网基础上。物联网通过各种接入设备与移动通信网和互联网相连，如手机付费系统中由刷卡设备将内置手机的 RFID 信息采集上传到互联网中，网络层完成后台鉴权认证后从银行网络划账。

网络层具有信息存储查询、网络管理等功能。

网络层中的感知数据管理与处理技术是实现以数据为中心的物联网的核心技术。感知数据管理与处理技术包括传感网数据的存储、查询、分析、挖掘、理解以及基于感知数据做出决策和行为的理论与技术。云计算平台作为海量感知数据的存储、分析平台，将是物联网网络层的重要组成部分，也是应用层众多应用的搭建基础。

在产业链中，通信网络运营商将在物联网网络层占据重要的位置。正在高速发展的云计算平台将是物联网发展的又一助力。

（三）应用层

物联网应用层利用经过分析处理的感知数据为用户提供丰富的特定服务。物联网的应用可以分为监控型（物流监控、污染监控）、查询型（智能检索、远程抄表）、控制型（智能交通、智能家居、路灯控制）、扫描型（手机钱包、高速公路不停车收费）等类型。

应用层是物联网发展的目的，软件开发、智能控制技术将为用户提供丰富多彩的物联网应用。各种行业和家庭应用的开发将会推动物联网的普及，也会给整个物联网产业链带来利润。

六、物联网的应用

被誉为“新四大发明”之一的五颜六色的共享单车在大街小巷扩展规模；“智能锁”的方便快捷提高了人们的出行效率；农民也在改变“面朝黄土背朝天”的劳作模式，点点鼠标、刷刷手机，足不出户便可“掌握”温室大棚中农作物的生长环境，并进行实时控制调整；高速公路上的电子不停车收费系统（ETC），减少了车辆等待的时间；等等。这些改变人们生产生活方式的操作背后的技术支撑是什么呢？那就是风头正盛的“物联网”。

如今，物联网经过多年的发展已经开始从概念走向落地，其商业价值与应用前景得到了越来越多企业的认可，吸引了中外行业巨头和其他企业在多个领域争相布局。有了物联网技术的加持，人类能够以更加精细的方式管理生产和生活，提高资源利用率和生产力水平，改善人与自然的关系。

（一）工业领域

工业领域是目前拥有物联网项目数量最多的应用领域，因为工业领域所涵盖的能够联网的事物最丰富，如印刷设备、车间机械、矿井与厂房。其中，工业物联网的应用集中在石油、天然气与工厂环境领域。英特尔公司为美国俄勒冈州的一家芯片制造厂安装了200台无线传感器，用来监控部分工厂设备的振动情况，并在测量结果超出规定时提供监测报告。通过对危险区域及危险源（如矿井、核电厂）进行安全监控，能有效地遏制和减少恶性事件的发生。

（二）医疗领域

目前，物联网技术在医疗行业中的应用包括人员管理智能化、医疗过程智能化、供应链管理智能化、医疗废弃物管理智能化及健康管理智能化。其中，最典型的应用就是可穿戴设备，这种帮助用户实现个性化的自我健康管理的设备已经成为很多注重健康人士的新宠。

美敦力公司的一款自动胰岛素泵MiniMed 670G是物联网传感技术在医疗领域应用的极佳案例。MiniMed 670G配备了血糖传感器、释放胰岛素的泵以及能查看数据的显示仪，血糖传感器每5分钟就会透过皮下软针接收到的血液样本来测量患者的血糖水平，并将数据传递到胰岛素泵，集成了判断逻辑的泵会基于血糖值来判断是否需要释放胰岛素以及需释放多少胰岛素，这些数据还会同步上传至“云”端，为后续专业医护人员的介入治疗创造条件。

（三）智能交通与车联网

当前，物联网应用于智能交通已见雏形，在未来几年将具有极大的发展潜力。物联网在智能交通领域的应用包括实时监控系统、自动收费系统、智能停车系统和实时车辆跟踪系统，可自动检测并报告公路、桥梁的健康状况，并能帮助交通运输业缓解能耗、污染及拥堵问题。

美国交通部提出了“国家智能交通系统项目规划”，预计到2025年全面投入使用。该系统综合运用大量传感器网络，配合GPS、区域网络系统等资源，实现对交通车辆的优化调度，并为个体交通推荐实时的、最佳的行车路线服务。

同时，现代车辆逐渐成为物联网的重要组成部分，运用物联网技术可以透过感测装置捕捉车辆、驾驶、乘客、周围环境等相关信息，开创前所未有的人性化行车体验。例如，科技巨头谷歌，特斯拉、丰田、奔驰、BMW等国际重量级车企以及国内的百度等企业，纷纷投入智能车、无人驾驶车辆开发。

（四）智能家居

物联网解决了智能家居中的设备联网问题。我国已经有很多不同领域的厂商开始涉足智能家居行业，包括互联网科技厂商、传统家电厂商及互联网巨头。

2017年3月，海尔发布了全球首套由互联互通的智慧家电构成的智慧家庭，让智能家居的梦想落地成为现实。各种电器间的相互通信让用户生活更加舒适、简单；智能家电和用户间的交互，可以根据用户的个性化需求主动提供服务，如洗碗机可以根据菜谱自动选择相应的洗涤程序。

除了海尔智慧家居这种整套操作系统，智能电视、智能音箱等智能硬件也可以作为智能家居的控制中心和枢纽。例如，国外的谷歌 Home、亚马逊 Echo、苹果 HomePod 等，国内的暴风大耳朵、阿里巴巴天猫精灵等都有此发展趋势。“人工智能+物联网”将掀起改变人类生活方式的狂潮，开启智慧生活新时代。

（五）智慧物流

智慧物流是指将条形码、射频识别技术、传感器、GPS 等物联网技术广泛应用于物流业的运输、仓库、配送、包装、装卸等环节。智慧物流的崛起离不开电商爆发的催化，更离不开物联网技术的加持。

过去，物流仓库爆仓和干线压力是物流业亟待解决的首要问题，特别是在“双十一”“双十二”购物节期间，2016 年“双十一”前夕，各大物流企业的应对措施中就涉及不少的智慧物流技术。例如，京东在 2016 年首次引进智能机器人设备，机器人仓、机器人分拣中心两个自动化设备在“双十一”期间启用，单台自动分拣设备的最高处理量可达到 2 万件/小时。目前京东全国范围的自动分拣设备的日均处理量已达到百万件以上。

以上只是物联网的部分应用场景，实际上，物联网已经与很多传统行业相结合形成“物联网+”的新业态、新模式。例如，在新零售领域，“无人便利店”已经成为新风口，吸引资本争相追逐。此外，物联网技术在农业、教育、环保、公共安全等领域也得到了应用。目前，我国有近 30 个城市已将物联网作为新兴战略产业，物联网进入快速发展时期。物联网平台将在未来成为赋能企业机构的关键。

可以简单设想一下，在不远的将来，车是无人驾驶的，包裹是机器人投递的，沟通是全息的，生产是柔性的，顾客是精准的……物联网把虚拟的数字世界与现实的物质世界融为一体，处于这一网络中的物品都像是被赋予了读心术一般，不仅能感知用户的需求，更能根据判断自动做出响应。物联网把人和物、物和物联结起来，使得整个世界变成一个完整的生命体。

目前关于物联网的应用场景还在试验探讨阶段，但随着 5G 等其他关键技术的快速发展，以及国家政策和企业的大力推进，物联网的起飞指日可待。

第三节　大数据与云计算、物联网的关系

随着信息技术的发展，一些旧技术已经跟不上时代的发展，体量庞大的用户数据充斥着网络，给网络业务提供商（ISP）的运营带来了商机，但是也带来了问题。如何让用户高速地连接网络并分享资源，成为各级服务商和设备提供商必须解决的课题之一。3G、4G、5G、Wi-Fi等技术的相继出现，在一定程度上改善了服务商和客户之间的供求关系，但尚不能真正满足用户的需求，所以又出现了云计算、物联网等新一代技术。

物联网是通过各种信息传感设备传递信息的。其核心依然是互联网，是在互联网基础上进行的拓展和延伸，但是其用户端依靠物与物进行信息传递，因此可以定义为利用RFID、红外感应器、GPS、激光扫描器等信息传递设备按约定协议，将物体与互联网相连并进行信息交换和通信，以实现物体的智能化识别、定位、跟踪、监控、管理的一种网络。

云计算则是基于互联网的一种超级计算模式，在远程的数据中心里，成千上万台计算机和服务器连成一片“云”。因此，云计算可以让用户感受高速运算的效率，它拥有强大的计算能力，可以模拟一些实验，使普通计算机达到大型机的要求。

云计算、大数据和物联网代表了IT领域最新的技术发展趋势，三者之间既有区别又有联系。云计算最初主要包括两种含义：一种是以谷歌的GFS和MapReduce为代表的大规模分布式并行计算技术，另一种

是以亚马逊的虚拟机和对象存储为代表的“按需租用”的商业模式。随着“大数据”概念的提出，云计算中的分布式计算技术开始更多地被列入大数据技术，而人们提到云计算时更多是指底层基础 IT 资源的整合优化以及以服务的方式提供 IT 资源的商业模式(如 Iaas、PaaS、SaaS)。

从“云计算”和“大数据”的概念诞生到现在，二者之间的关系一直非常微妙，既密不可分，又千差万别。因此，不能把云计算和大数据割裂开来作为截然不同的两类技术来看待。此外，物联网也是和云计算、大数据相伴相生的技术。可以说，云计算、大数据和物联网三者已经彼此渗透、相互融合，在很多应用场合都可以同时看到三者的身影，未来三者将会继续相互促进、相互影响，更好地服务于社会生产和生活的各个领域。

下面总结一下三者之间的区别与联系。

一、大数据、云计算和物联网之间的区别

经过近百年的进化，互联网在不知不觉中形成一个与人类大脑组织结构类似的物体——一个遍及全球的互联网虚拟大脑。如果用互联网虚拟大脑的视角分析“大数据”“云计算”和“物联网”的概念，可以清晰地看出，物联网是互联网虚拟大脑的感觉神经系统，云计算是互联网虚拟大脑的中枢神经系统，大数据则是互联网智慧和意识产生的基础，工业 4.0 或工业互联网是互联网运动神经系统的萌芽。移动互联网的出现使人类可以随时随地与互联网虚拟大脑进行接驳。换句话说，它们不是脱离互联网而产生的新事物，而是互联网虚拟大脑的组成部分。

（一）物联网是互联网虚拟大脑的感觉神经系统

因为物联网重点突出了传感器感知的概念，同时具备网络线路传

输、信息存储和处理、行业应用接口等功能，而且往往与互联网共用服务器、网络线路和应用接口，使人与人（Human to Human，H2H）、人与物（Human to Thing，H2T）、物与物（Thing to Thing， T2T）之间的交流成为可能，最终将使得人类社会、信息空间和物理世界（人、机、物）融为一体。

（二）云计算是互联网虚拟大脑的中枢神经系统

在互联网虚拟大脑的架构中，云计算是互联网虚拟大脑的中枢神经系统，它是将互联网的核心硬件层、核心软件层和互联网信息层统一起来为互联网各虚拟神经系统提供支持和服务。从定义上来看，云计算与互联网虚拟大脑中枢神经系统的特征非常吻合。在理想状态下，物联网的传感器和互联网的使用者通过网络线路和计算机终端与云计算进行交互，向云计算提供数据，接受云计算提供的服务。

（三）大数据是互联网智慧和意识产生的基础

随着博客、社交网络、云计算、物联网等技术的兴起，互联网上的数据信息正以前所未有的速度增长和累积。互联网用户之间的互动、企业和政府的信息发布、物联网传感器感应到的实时信息每时每刻都在产生大量的结构化和非结构化数据，这些数据分散在整个互联网网络体系内，且规模庞大。这些数据中蕴含了对经济、科技、教育等领域来说非常宝贵的信息。这就是互联网大数据兴起的根源和背景。

与此同时，以深度学习为代表的机器学习算法在互联网领域的广泛应用，使得互联网大数据开始尝试与人工智能进行更为深入的结合，其中包括在大数据和人工智能领域遥遥领先的世界级公司，如百度、谷歌、微软等。2011 年谷歌开始将“深度学习”运用在自己的大数据处理上，互联网大数据与人工智能的结合为互联网大脑的智慧和意识的产生奠定了技术基础。

（四）工业4.0或工业互联网是互联网运动神经系统的萌芽

互联网运动神经系统即云计算中的软件系统控制着工业企业的生产设备。家庭的家用设备、办公室的办公设备等通过智能化、3D 打印、无线传感等技术使机械设备成为互联网大脑改造世界的工具。同时，这些智能制造和智能设备也源源不断地向互联网大脑反馈大数据信息，供互联网运动神经系统决策使用。

（五）互联网+的核心是互联网进化和扩张

大数据侧重于海量数据的存储、处理与分析，从海量数据中发现价值，进而服务于社会生产和生活；云计算本质上旨在整合和优化各种 IT 资源，并通过网络以服务的方式廉价提供给用户；物联网的发展目标是实现物物相连，应用创新是物联网发展的核心。

二、大数据、云计算和物联网之间的联系

从整体上看，大数据、云计算和物联网三者之间是相辅相成的。大数据根植于云计算，大数据分析运用的很多技术都来自云计算，云计算的分布式数据存储和管理系统（包括分布式文件系统和分布式数据库系统）提供海量数据的存储和管理能力，分布式并行处理框架 MapReduce 提供海量数据分析能力，没有这些云计算技术作为支撑，大数据分析就无从谈起。与此同时，大数据为云计算提供了“用武之地”，没有大数据这个“练兵场”，云计算技术再先进，也不能发挥自身的应用价值。

物联网中的传感器源源不断产生的大量数据，构成了大数据的重要来源，没有物联网的飞速发展，就不会带来数据产生方式的变革，即由

人工产生阶段向自动产生阶段的变革，大数据时代也不会这么快就到来。同时，物联网需要借助云计算和大数据技术实现物联网大数据的存储、分析和处理。云计算、大数据和物联网会继续相互促进、相互影响，从而更好地服务于社会生产和生活的各个领域。

物联网对应了互联网的感觉和运动神经系统。大数据代表了互联网的信息层，是互联网智慧和意识产生的基础。云计算是互联网核心硬件层和核心软件层的集合，也是互联网中枢神经系统的萌芽。物联网、云计算和大数据三者互为基础，物联网产生大数据，大数据需要云计算。物联网在将物品和互联网连接起来进行信息交换和通信以实现智能化识别、定位、跟踪、监控和管理的过程中，产生了大数据，云计算解决了万物互联产生的大数据，因此三者互为基础，又相互促进，可以将其看作一个相互发展、相互促进的整体。

云计算是为了解决大开发、大数据下的实际运算问题而产生的，大数据是为了解决海量数据分析问题而产生的，物联网是为了解决设备与软件的融合问题而产生的，由此可见，三者之间是互相关联、互相作用的；物联网是很多大数据的来源（设备数据），而大量设备数据的采集、控制、服务要依托云计算进行，设备数据的分析要依赖于大数据，而大数据的采集、分析同样依托云计算进行，物联网反过来能为云计算提供Iaas层的设备和服务控制，大数据分析又能为云计算所产生的运营数据提供分析、决策依据。

云计算、大数据和物联网三者互为基础，云计算和大数据解决了万物互联带来的体量庞大的数据，物联网为云计算和大数据提供了足够的基础数据。如果物联网失去了大数据和云计算的支持，那么万物互联带来的体量庞大的数据将得不到处理，物联网最重要的功能——收集数据将毫无用处，万物互联也就失去了意义。同理，对于大数据和云计算来说，没有万物互联带来的体量庞大的数据，就称不上大数据；没有广大网络连接的覆盖，云计算也没有任何用处。

这些新技术可以最大限度地服务于民、用之于民。它们的诞生加速了信息产业的发展，促进了社会的进步，让大数据的世界变得更加完美。大数据作为基础，物联网、云计算彼此补充是当今信息世界的主流发展趋势，目的是创造真正的数字化世界。

3

第三章

大数据采集及预处理

第一节　大数据采集概述

在大数据时代，数据的价值在各行业应用和推广大数据的过程中日益凸显，如何有效获取数据，即数据采集，是进行数据分析和挖掘的重要前提。数据采集（Data Acquisition， DAQ），也称数据获取或数据收集，是指从电子设备、传感器及其他待测设备等模拟或者数字单元中自动采集电量或者非电量信号，并传送到上位机中进行分析、处理的过程。

如果把海量数据看成巨大的源源不断产生的天然水资源，那么数据采集及预处理就是根据水资源的来源地及种类的不同，搭建合理有效的获取水资源的传输通道。传统的数据采集所对应的数据来源单一、结构简单，大多可以使用关系型数据库完成存储以及后续的数据分析和管理工作。大数据环境下，数据结构复杂，来源渠道众多，包括传统数据表格及图形、后台日志记录、网页HTML（超文本标记语言）格式等各种离线、在线数据，因此需要区分数据的不同类型，分析数据来源的特征，进而选择使用合理有效的数据采集方法，这对后续的数据分析至关重要，直接影响到在给定时间段内系统数据处理性能的高低。

一、数据类型

在知识冗余和数据爆炸的网络全覆盖时代，数据可以来自互联网上发布的各种信息，如搜索引擎信息、网络日志、患者诊疗记录、电子商务信息等，还可以来自各种传感设备及系统，如工业设备系统、水电表传感器、农林业监测系统等，因此需要采集的数据呈现出类型复杂多样的特征。

根据数据结构的不同，可以将其划分为结构化数据（Structured Data）、半结构化数据（Semi-structured Data）和非结构化数据（Unstructured Data）。

结构化数据多存在于传统的关系型数据库中，是我们习惯使用的数据形式，数据结构事先已经定义好，便于用二维表格形式描述，且便于存储和管理。

统计学上将结构化数据分为四种类型，即分类型数据、定序型数据、区间型数据和比值型数据。

分类型数据（Categorical Data），又称标称数据，是指将数据按照类别属性进行的分类，如对颜色类别、性别等用文字进行描述或者用数值进行描述产生的分类，如“0”代表“是”，“1”代表“否”；等等。

定序型数据（Ordinal Data）不仅对数据进行分类，还对各类数据进行顺序排列以方便对比。例如，学生成绩按照五级分制，可以取优、良、中、及格、不及格，分别用 A、B、C、D、E 表示。

区间型数据（Interval Data）是具有一定单位的实际测量值，如某地区的温度变化、智商数值等，直接比较没有实际意义，只有两两比较差别才有意义。区间型数据可以通过明确的加减等运算来准确比较出不同数据取值的差异。

比值型数据（Ratio Data）同样具有实际单位，与区间型数据的区别在于，比值型数据原点固定，如学生成绩为 0 表示答卷完全错误，没有得分，而区间型数据中智商为 0 并不代表没有智力。

分类型数据和定序型数据可以称为定性数据，区间型数据和比值型数据可以称为定量数据。

数据集通常是由许多具有相同属性的数据对象组成的，数据对象具有的属性个数称为维度。在表 3-1 所示的关系型表格中，每一行代表一个元组（对象或记录），每一列代表一个属性（字段），各个属性具体的分类需要根据数据类型来确定。

表3-1　某校学生信息数据

学生 ID（身份标识号码）	入学时间	入学成绩	年龄
20180325	2018/9	351	22
20171476	2017/9	298	24

目前关于结构化数据的处理方法非常成熟，多见于对关系型数据库的管理与分析处理。例如，户籍管理系统、银行财务系统、企业财务报表等，在大数据时代多以文件形式存在，虽然它在大数据中所占的比例逐年下降，已不到 15%，但这类数据在我们的日常生活应用中依然占据着重要的位置。马里兰大学教授本•施耐德曼将数据分为七类，即一维数据、二维数据、三维数、多维数据、时态数据、层次数据和网络数据。其中，随着互联网应用的不断发展与更新，网络数据已经成为海量数据的主要来源，这类数据多为半结构化数据和非结构化数据。

非结构化数据不同于传统的结构化数据，其数据结构很难描述，不规则或者不完整，没有统一的数据结构或者模型，无法提前预知。例如，海量的图片以及社交网站上分享的视频、音频等多媒体数据都属于非结构化数据，不能直接用二维逻辑表格的形式进行存储。非结构化数据在结构上存在高度的差异性，传统的关系型数据库系统无法完成对这些数据的存储和处理，不能直接运用 SQL（结构化查询语言）进行查询，难以被计算机理解。非结构化数据多出现在企业数据中，如果需要存储在关系型数据库中，常以二进制大型对象（Binary Large Object，BLOB）的形式进行存储。NoSQL 数据库作为一种非关系型数据库，能够用来同时存储结构化数据和非结构化数据。随着非结构化数据在大数据中的占比不断上升，如何将这些数据组织成合理有效的结构是提升后续数据存储、分析能力和效率的关键。

半结构化数据介于结构化数据与非结构化数据之间，可以用一定数据结构来描述，但通常数据内容与结构混叠在一起，结构变化很大，本质上不具有关系性，如网页、不同人群的个人履历、电子邮件、Web 集群、数据挖掘系统等，不能简单地用二维表格来实现结构描述，必须由自身语义定义的首位标识符来表达和约束其关键内容，对记录和字段进行分层，通常需要用到特殊的预处理和存储技术。半结构化数据通常是自描述的结构，多以树形或者图状的数据模型进行存储，常见的半结构化数据有 XML、HTML、JSON 等，多来自 EDI（电子数据交换）文件、扩展表、RSS（简易信息聚合）源及传感器数据等。目前非结构化数据和半结构化数据占大数据来源的 85%以上。

结构化数据、非结构化数据和半结构化数据的区别，如表 3-2 所示。

表3-2　结构化数据、非结构化数据和半结构化数据的区别

类别	结构化数据	非结构化数据	半结构化数据
基本定义	可以用固定的数据结构来描述的数据	数据结构很难描述的数据	介于结构化数据与非结构化数据之间的数据
数据与结构的关系	先有结构，后有数据	有数据，无结构	先有数据，后有结构
数据模型	二维表格（关系型数据库）	无	树形、图状

续表

类别	结构化数据	非结构化数据	半结构化数据
常见来源	各类规范的数据表格	图片、视频、音频等	EDI 文件、扩展表、RSS 源及传感器数据等

二、数据来源

传统数据采集的数据来源比较单一，数据量相对较少，数据结构简单，多使用关系型数据库和并行数据库进行存储，而大数据系统的数据采集来源广泛，数据量巨大，数据类型丰富且呈现出多样性和复杂性，采集和存储多采用分布式数据库形式进行。

在大数据分析的整个过程中，数据的采集、预处理、存储及挖掘等环节，需要确定不同的技术类别与设计方案，采用何种采集方法、预处理流程、存储格式及数据挖掘技术，本质上与数据源的特征密不可分，数据源的差异和特点会影响整个大数据平台架构的设计。

大数据的来源非常广泛，一般来源于四类系统，即企业信息管理系统、网络信息系统、物联网信息系统、科学研究实验系统。

（一）企业信息管理系统

企业、机关内部的业务平台，如办公自动化系统、事务管理系统等，每天的业务活动中都会产生大量的数据，既包括终端用户的原始数据输入，也包括经系统加工处理产生的数据，这些数据和企业的经营、管理密切相关，具有很高的潜在应用价值，通常为结构化数据形式。

企业数据库采集系统将业务记录写入数据库。企业系统产生的大量业务数据常以简单的行记录形式进行存储，通过与企业业务后台服务器的配合，由特定的处理分析系统完成对业务数据的系统分析。传统的关系型数据库 MySQL 和 Oracle 等常用来存储数据，而 Redis 作为内存型数据库，常和 MongoDB 等 NoSQL 数据库一起作为工业数据采集的后台数据库来使用。

（二）网络信息系统

网络信息系统主要是指互联网平台上的各种信息系统，如各种社交平台（如新浪微博）、自媒体系统（如今日头条）、大型网络搜索引擎（如百度）及电子商务平台（如淘宝商城）、各种 POS 终端及网络支付系统等，它们为各类在线用户提供了信息发布、社交服务及货币交易支持，包括网络用户在线浏览、用户评论、用户交易信息等海量数据。网络信息系统属于开放式数据结构，一般为非结构化数据和半结构化数据，可以选择合理的网络采集方法对其进行采集，并经过转换存储为统一的本地结构化数据。

著名的电子商务品牌——阿里巴巴，对其旗下的淘宝、天猫、阿里云、支付宝、万网等业务平台进行了资源整合，日增长数据量达到百 TB 以上，大量来自买卖双方的搜索与交易信息组成了阿里的海量数据库，其中包括传统数据，如客户关系管理数据、ERP 数据、交易数据等，也包括机器数据，如呼叫详细记录、硬件日志、智能仪表数据、工作流数据等。阿里完成对这些数据的实时采集及有效分析，进而形成用户画像、预测用户喜好，从而关联用户的产品推介活动等，为其商业运营奠定了坚实的基础，这也是针对网络信息平台的数据采集系统的最大化价值体现。

（三）物联网信息系统

物联网信息系统主要包括各种传感设备及监控系统，广泛分布于智能交通、现场指挥、行业生产调度等场景。在物联网信息系统中，数据由大量的传感设备产生，包括各类物理状态的测量数值、行为形态的图片、音视频等。例如，对行驶中的汽车进行监控，可以收集到相关的汽车外观、行驶速度、行驶路线等数据。这些数据需要进行多维融合处理，利用大型的计算设备将其转换成格式规范的数据结构。

与互联网信息系统相比，物联网产生的数据具有以下特点：①数据规模更大，工作中的物联网节点通常处于全天候工作状态，并持续产生海量数据；②要求更高的数据传输速率，很多应用场景都需要实时访问，因此需要支持高速的数据传输；③数据类型多样化，由于数据的应用范围非常广泛，从智慧地球到智能家居，各种应用数据广泛覆盖各行各业；④数据多是来自各类传感设备，是对物理世界感知的实际描述，因此对数据的真实性要求较高，如 RFID 标签的商业应用和智能安防系统等。

（四）科学研究实验系统

科学大数据可以来自大型实验室、公众医疗系统或者个人观察所得到的科学实验数据及传感数据。很多学科的研究基础就是海量数据的分析方法，比如遗传学、天文学及医疗数据等，目前在医疗卫生行业领域一年需要保存的数据可达到数百 PB 以上。这些科学数据可以来源于真实的科学实验，也可以来源于通过仿真方式得到的模拟实验，其中医疗数据更多是来自医疗系统的内部数据，很少对外公开。在外部数据应用方面更多地需要考虑借助第三方数据管理平台，如阿里云、IBM、SAP 等，对大范围地区和城市的医疗数据进行采集和监控，从而可以在疾病发展预测、活跃期等方面进行有效的分析。

第二节　大数据采集方法

针对不同类型的数据来源，所使用的数据采集方法也各不相同。对于传统的企业内部数据，可以通过数据库查询的方式获取所需要的数据；对于互联网数据，包括系统日志、网页数据、电子商务信息等，通常需要通过专业的海量数据采集工具获得，很多大型互联网企业，如百度、腾讯、阿里等都有自主开发的数据采集平台，或者借助一些网页数据获取工具，如网站公开的 API 接口及网络爬虫等方式完成数据采集工作；对于科学研究领域或保密性较强的数据，可借由相关研究机构及专业数据交易公司，通过购买、商业合作等方式完成数据采集。

一、日志采集

在大数据时代，互联网企业日常运营过程中会产生大量的业务信息，对这些数据的采集需要满足大规模、海量存储、高速传输等需求，通常大型互联网公司会借助已有开源框架构建自己的海量数据采集工具。目前常见的海量数据采集工具多用于各种类型日志的收集，包括分布式系统日志、操作系统日志、网络日志、硬件设备日志及上层应用日志等。通过查看日志系统中记录的各项事务、事件以及硬件、软件和系统问题信息，可以及时探查系统故障发生的原因，搜索攻击者留下的痕迹，并随时监测系统中可能发生的攻击事件，从而有效地支撑互联网公司的正常运营。

很多互联网企业都有自己的海量数据采集工具，典型的如 Hadoop 的 Chukwa、Cloudera 的 Flume、脸书的 Scribe 等，都是目前系统日志采集的行业典范。这些数据采集平台均采用分布式架构，能够满足每秒数百 MB 的日志数据采集和传输需求，基于实时模式完成各个数据源的海量日志采集，为实时在线数据分析系统和离线数据分析系统服务。

总的来说，日志采集平台一般具备以下特点。

（1）能够满足 TB 级甚至是 PB 级海量数据规模的实时采集需求，满足大数据采集要求，每秒可处理几十万条日志数据，吞吐性能高。

（2）具有实时处理能力，可以有效支持近年来快速增长的实时应用场景的需求。

（3）支持大数据系统的分布式系统架构，有良好的可扩展性，可以通过快速部署新的节点来满足用户需求。

（4）作为业务应用系统和数据分析系统的有效连接，搭建高速的数据传输通道。

（5）一般具备三个基本部件：一是采集发送端，用于将数据从数据源采集发送到传输通道，可以进行简单的数据处理，如去重操作；二是中间件，可接收多个采集发送端传送来的数据，对数据进行合并再将其传送到存储系统中；三是采集接收端，作为存储平台，采集接收端多以分布式的 HDFS 或者分布式的 HBase（数据库）的形式呈现，以保障数据存储的可靠性和易扩展特性。

（6）具有良好的容错处理机制，多采用 ZooKeeper（分布式服务架构）实现负载均衡。

（7）作为开源的系统日志采集工具，日志采集平台在整体系统框架的性能更新方面发展迅速，具有较长的生命周期。

二、网络数据采集

网络数据目前多指互联网数据，即大量用户通过各种类型的网络空间交互活动而产生的海量网络数据，比如通过 Web 网络进行信息发布和搜索，微博、微信、QQ 等社交媒体交互活动中产生的大量数据，包括各类文档、音频、视频、图片等形式的数据，这些数据格式复杂多样，多为非结构化数据或半结构化数据。

网络数据采集是指通过网络爬虫（如 Crawler4j、Scrapy、Apache Nutch 等）或者某些网络平台提供的公开 API（如豆瓣 API 和搜狐视频 API 等）等方式从网站上获取相关网页内容的过程，并根据用户需求将某些数据属性从网页中抽取出来。对抽取出来的网页数据进行内容和格式上的处理，经过转换和加工，使其最终满足用户的数据挖掘需求，按照统一的格式存储为本地文件，一般保存为结构化数据。

（一）网络爬虫

网络爬虫（Crawler）作为搜索引擎（如百度、谷歌等）的重要组成部分，本质上是一种从互联网中自动下载各种网页内容的程序，其性能高低决定了采集系统的更新速度和内容的丰富程度，对整个搜索引擎的工作效率高低具有决定性作用。Apache Nutch 是一款具有高可扩展性的开源网络爬虫软件，基于 Java 实现，目前分两个版本进行开发，分别是 Nutch 1.x 和 Nutch 2.x。Nutch 2.x 是以 Nutch 1.x 为基础发展演化而来的新兴版本。其具体源码可从源码托管（GitHub）网站下载。

网络爬虫根据一定的搜索策略自动抓取万维网程序或者脚本，不断从当前页面抽取新的 URL（网址）放入待爬取队列，并从队列中选择待爬取 URL，解析该 URL 的 DNS（域名系统）地址，将 URL 对应的网页内容下载到本地存储系统，并将完成爬取的 URL 放入已爬取队列中，如此循环往复，直到满足爬虫抓取停止条件。

网络爬虫采集和处理网页内容的基本步骤如下。

（1）用户手动配置爬取规则和网页解析规则，并在数据库中保存规则内容。

（2）发布采集需求，将需要抓取数据的网站 URL 信息（Site URL）作为爬虫起始抓取的种子 URL 写入待爬取 URL 队列。

（3）网络爬虫读取待爬取 URL 队列，从中获取需要抓取数据的网站 URL 信息，并解析该 URL 的 DNS 地址。

（4）网络爬虫从因特网中获取网站 URL 信息对应的网页内容，抽取该网页正文内容包含的其他链接地址 URL。

（5）网络爬虫将当前 URL 与数据库中已爬取队列中的 URL 进行比较和过滤，如果确定该网页地址未被爬取，就将该地址 URL 写入待爬取 URL 队列中，并将网站 URL 写入已爬取 URL 队列。

（6）数据处理模块抽取该网页内容中所需属性的内容值，并对其进行解析处理，最后将处理后的数据放入数据库中。

（7）抓取工作依照（3）到（6）的流程循环进行，依次涉及待爬取 URL 队列、已爬取 URL 队列及数据库，直到爬取工作结束。

数据库包括爬取规则和网页解析规则、需要抓取数据的网站 URL 信息、爬虫从网页中抽取的正文内容的链接地址 URL，以及所抽取正文内容的解析处理结果。

通过网络爬虫实现的网络数据采集倾向于获取更多的数据，而忽略需要关联的用户专业背景。网络爬虫性能的高低取决于爬虫策略，即爬取规则，也就是网络爬虫在待爬取 URL 中采用何种策略进行爬取，从而保证内容抓取更全面，同时以最快的速度获取用户高需求或者重要性高的内容。常见策略包括深度优先策略、宽度优先策略、反向链接数策略、在线页面重要性计算策略和大站优先策略等。

（二）API 采集

API 又称应用程序接口，通常是网站管理者自行编写的一种程序接口。该类接口屏蔽了网站复杂的底层算法，通过简单调用即可实现对网站数据的请求功能，从而方便使用者快速获取网站中的部分数据。

目前主流的社交媒体平台如百度贴吧、新浪微博、脸书等均提供 API 服务，其中，新浪微博 API 的数据开放平台可以提供粉丝分析、微博内容分析、评论分析和用户分析等数据分析 API，极大地方便了使用者对相关领域数据的搜集，简化了数据采集过程，并能快速做出较为准确的数据分析。此外，营利性的数据采集机构可以提供付费方式的数据采集服务，如八爪鱼采集器、火车采集器、Octoparse 等，适用于对数据采集有长期需求并且数据质量要求较高的某些专业领域用户。

API 采集技术的性能高低主要受限于平台开发者，在提供免费 API 服务的网站中，为了降低平台日常运行的资源负荷，一般会对每天开放的接口限制数据采集调用次数，同时平台开放的 API 数据采集结果也会受到被采集数据的安全性和私密性限制，不能完全满足用户需求。

三、传感器采集

传感器数据主要来自各行各业根据特定应用构建的物联网系统，由于大量传感设备的广泛部署，物联网会周期性地产生并不断更新海量的数据，其采集到的数据多和对应行业的具体应用有关，比如在农业物联网系统中，传感器数据多与农业种植、园艺培育、水产养殖、农资物流等农业信息相关；在气象监测控制系统中，数据多与大气土壤温湿度、风力、光照、雨量等有关。

在实际应用过程中，传感设备和通信传输系统存在厂商众多、网络异构等情况，因此所感知数据的类型差异较大，比如有些数据是实际产生的温度数值，而有些数据是感知的电平取值，在使用中需要进行公式转换，且存在模拟信号和数字信号的差异；除此以外，数据的组织形式也是多种多样的，量纲差异也很大，存在文本、表格、网页等多种不同组织形式。因此，在对物联网信息进行采集的过程中，除了需要考虑大量分布的数据源选取，还要将感知的原始数据进行统一的数据转换，过滤异常数据，根据采集目标的存储要求进行规则映射，才能最终满足传感器数据的采集需求。

基于物联网的多传感器采集系统一般由以下部分组成。

（一）多传感器数据源

多传感器数据源一般位于传感器布设的监控现场，周期性地采集数据并定时输出。常见的多传感器系统常通过构建无线网络组成大型的无线传感器网络，以完成数据的采集和上传工作。

（二）物联网网关

考虑到多种传感器节点的异构性，各节点间会存在通信协议和数据类型的差别，物联网网关主要用于解决物联网网络中不同设备无法统一控制和管理的问题。

通过物联网网关来支持异构设备之间的数据统一上传，完成数据格式的转换，并设定过滤规则，对超出传感器量纲范围的异常值进行处理；对传感设备进行统一管理控制，屏蔽底层传输协议的差异性。

（三）数据存储服务平台

根据存储服务器确定的抽取频率要求进行数据的采集处理，主要进行传感器数据的接收和存储，并完成预处理工作，实现源数据与目标数据库之间的逻辑映射。

（四）用户应用服务端

用户应用服务端可承载多种不同的终端用户设备，根据传感器网络的服务应用需求实现用户应用与数据存储服务平台间的交互以及采集数据的可视化导出，并提供多种不同的 API 接口。

四、其他采集方法

除了实时的系统日志采集方法、互联网数据采集方法和物联网数据采集方法，很多企业还会使用传统的关系型数据库 MySQL 和 Oracle 等来存储数据，企业实时产生的业务数据，以单行或者多行记录的形式被直接写入数据库，存储在企业业务后台服务器中，再由特定的处理分析系统对数据进行分析，用来支持其他的企业应用。

另外，对于企业生产经营中涉及的客户数据、财务数据等保密级别要求较高的数据，一般会通过与专用数据技术服务商合作来保护数据的完整性和私密性，借助特定系统接口等相关方式完成此类数据的采集工作。目前很多大数据公司推出的企业级大数据管理平台就是针对此类安全性要求较高的企业数据搭建的，如专注于互联网综合数据交易和服务的数据堂公司，或者可以提供专业气象资料共享服务的公益性网站——中国气象数据网。中国气象数据网是中国气象局面向社会开放基本气象数据和产品的共享门户，使得全社会和所有气象信息服务企业均可无偿获得气象数据。

第三节　大数据预处理

大数据来源广泛且复杂，当从各种底层数据源通过不同的采集平台获取海量数据之后，这些数据通常不能直接用来进行数据分析，因为这些原始数据往往缺乏统一标准的定义，数据结构的差异性很大，很可能存在不准确的属性取值，甚至会出现某些数据属性值丢失或不确定的情况，必须通过预处理提高数据质量，使之能够满足数据挖掘算法的要求，从而有效应用于后续数据分析过程。

大数据预处理（Big Data Preprocessing，BDP），是指在对采集到的海量数据进行数据挖掘处理之前，需要先对原始数据进行必要的数据清洗、数据集成、数据变换和数据归约等处理工作，从而提高原始数据的质量，满足后续的利用数据挖掘算法进行知识获取的目的，同时研究应具备的最低规范和标准。在实际应用中，还可能会根据数据挖掘结果再次对数据进行预处理。需要特别注意的是，这些预处理方法之间互相关联，而不是独立存在的，比如消除数据冗余既属于数据集成的方法，又可以看作一种数据规约方法。

一、数据清洗

为了提高原始数据的质量，数据清洗环节必不可少。数据清洗是指发现并纠正数据文件中可识别的错误的最后一道程序，目的在于删除重复信息，纠正存在的错误，提高数据的准确性和可靠性。数据清洗通常是数据处理过程的一个必要步骤，它可以消除数据错误和噪声，并提高分析和建模的精度。

（一）数据质量

数据质量又称信息质量，经过大数据预处理可以得到高质量的数据，从而能够进行快速、准确的数据分析。通常采集得到的原始数据会具有不完整性、含有噪声、不一致性（杂乱性）和失效性等特点，具体表现如下。

1. 不完整性

不完整性主要是指数据记录中存在某些字段缺失或者不确定的情况，这样会造成统计结果不准确。通常来说，不完整性是由数据源系统本身的设计缺陷或者使用过程中的人为因素引发的，比如填写银行卡申请表格时，某些项目由于不是必填项，会被客户省略而出现空白字段，一般可以通过不完整性检测来判断，且操作简便。

2. 含有噪声

含有噪声通常是指数据具有不正确的字段、不符合要求的数值，或者偏离预期的离群数值。含有噪声的原因可能是数据原始输入有误、数据采集过程中的设备故障、命名规则或数据代码的不一致性、数据传输异常等，其噪声表现形式也多种多样，如字符型数据的乱码现象、超出正常值范围的异常数值、输入时间格式不一致、某些字段取值随机分布等情况。数据含有噪声的情况非常普遍，在数据采集过程中很难避免并且难以进行实时监测。

3. 不一致性

不一致性是指原始数据源由于自身应用系统的差异性导致采集得

到的数据结构、数据标准非常杂乱，不能直接拿来进行分析。不一致性通常表现为数据记录规范不一致、数据逻辑不一致。数据记录规范主要是指数据编码和格式，如网络 IP 地址一定是用“.”分隔的 4 个 0～255 范围的数字组成，不能同时使用 M 和 male 表示性别；数据逻辑是指数据结构或数据间的逻辑关系，如户口登记中的婚姻关系为“已婚”，年龄为“12 岁”，如果规则制定是“已婚”，年龄必须在 18 岁以上，则此条记录不满足数据逻辑一致性要求，由此可以看出，数据逻辑一致性的判定与规则的制定关系紧密。另外，原始数据可能来自不同的数据源，数据合并过程中往往会存在数据重复和冗余的现象，这在分布式存储环境中很常见。

4. 失效性

数据从产生到可以采集有一定的时间要求，即数据的及时性，这也是保证数据质量的一个方面。对于数据挖掘来说，如果数据从产生到可以采集经历了过长的时间间隔，比如两三周，此时这些数据对于很多实时分析的数据应用来说已毫无意义。

在分布式的大数据环境中，数据集通常并非出自单一数据源，而是来自多个不同的数据源，因此从深层次上来看待原始数据的质量问题，可将其划分为单数据源和多数据源两大类，每一类又进一步划分为模式层和实例层两个方面，如表 3-3 所示。模式层的数据质量问题通常是由于数据结构设计不合理、属性之间无完整性约束条件等原因引起的，可以使用计算机程序来自动检测模式问题，或者采用人机结合的方式手动完成问题数据清洗，并以计算机进行配合；实例层的数据质量问题一般为数据记录中属性值的问题，主要表现为属性缺失、错误值、异常记录、不一致数据、重复数据等。

表 3-3 为数据质量问题分类。

表3-3 数据质量问题分类

类别	单数据源模式	单数据源实例	多数据源模式	多数据源实例
产生原因	缺乏合适的数据模型和完整性约束条件	数据输入错误	不同的数据模型和模式设计	矛盾或不一致的数据
表现形式	唯一值、参考完整性	拼写错误、冗余或重复、前后矛盾的数据	命名冲突、结构冲突	不一致的聚集层次、不一致的时间点

（二）数据清洗方法

数据清洗是指对采集到的多来源、多结构、多维度的原始数据，分析其中“脏”数据的产生原因及存在形式，构建数据清洗的模型和算法，利用相关技术检测并消除错误数据、不一致数据、重复记录等，把原始数据转化成满足数据分析或应用要求的格式，从而提高进入数据库的数据的质量。

数据清洗的基本思想是基于对数据来源的分析得到合理有效的数据清洗规则和策略，找出“脏”数据存在的问题并有针对性地进行处理，而数据清洗的质量高低是由数据清洗规则和策略决定的。数据清洗一般包括填补缺失值、平滑噪声数据、识别或删除异常值、不一致性处理几个方面。

1. 不完整性处理

对于某字段出现缺失情况的数据记录，通常可以从两个方面来处理，即直接删除该记录，或者对字段的缺失值进行填充。

（1）删除缺失值。

当数据记录数量很多，并且出现缺失值的数据记录在整个数据中占比相对较小时，可以使用最简单有效的方法进行处理，即将存在缺失值的数据记录直接丢弃。

这种方法并不适用于含有缺失值的数据记录占总体数据比例较大的情况，其缺点在于会改变数据的整体分布，并且仅因为数据记录缺失一个字段值就忽略所有其他字段也是对数据资源的一种浪费，所以实际应用中常常依据某些标准或规则对缺失值进行填充。

（2）填充缺失值。

填充缺失值的方式有以下几种。

①使用全局变量值。

该方法将缺失的字段值用同一个常数、缺省值、最大值或者最小值进行替换，如用“Unknown”或者“OK”进行整体填充。这种方法大量采用同一个字段值，可能会误导数据挖掘程序得出有误差甚至是错误的结论，在实际应用中并不推荐使用，如要使用，需要仔细分析和评估填充后的整体情况。

②统计填充法。

在对单个字段进行填充的时候，可利用该字段的统计值来填充缺失值，有两种基本的填充方法，即均值（中位数、众数）不变法和标准差不变法。

均值（中位数、众数）不变法是指用字段所有非缺失值的均值（中位数或者众数）对缺失值进行填充，在此情况下，填充后的数据均值将保持不变。均值不变法对靠近中心的缺失数据比较有效，而中位数、众数的优点是不受异常数据的影响。

标准差不变法是在确保填充前后字段的标准差保持不变的前提下对缺失值进行填充的一种方法。填充前的标准差是由字段的所有非缺失值计算得到的。

③预测估计法。

预测估计法利用变量之间的关系，将有缺失值的字段作为待预测的变量，使用其他同类别无缺失值的字段作为预测变量，使用数据挖掘方法进行预测，用推断得到的该字段最大可能的取值进行填充。常用的方法有线性回归、神经网络、支持向量机、最近邻算法、贝叶斯计算公式或决策树等。

此类方法较常使用，与其他方法相比，预测估计法充分利用了当前所有数据同类别字段的全部信息，对缺失字段的取值预测较为理想，但代价较大。

除了上述方法以外，缺失值的填充还可以采用人工方式进行，但是比较耗时费力，对于存在大范围缺失情况的大数据集而言，实际操作的可能性较低。

2. 噪声数据处理

由于随机错误或者偏差等多种原因，造成错误或异常（偏离期望值）的噪声数据存在，可以通过平滑去噪的技术消除，主要方法有分箱法、聚类法、回归法及人机交互检测法等。

（1）分箱法。

分箱法考虑邻近的数据点，是一种局部平滑的方法，它将有序数据分散在一系列“箱子”中，用“箱”表示数据的属性值所处的某个区间范围，然后考察每个箱子中相邻数据的值进而实现数据平滑目的。分箱法划分箱子的方式主要有两种，即等深法和等宽法。前者按照数据个数进行分箱，所有箱子中具有相同数量的数据；后者按照数据的取值区间进行分箱，各个箱子的取值范围为一个常数。在进行数据平滑时，可以取箱中数据的平均值、中值或者边界值替换原先的数值。

（2）聚类法。

聚类法是按照数据的某些属性来搜索其共同的数据特征，把相似或者比较邻近的数据聚合在一起，形成不同的聚类集合。聚类分析也称为群分析或者点群分析，是将数据进行分类的一种多元统计方法，通过聚类分析可以发现那些位于聚类集合之外的数据对象，实现对孤立点（一般是指具有不同于数据集中其他大部分数据对象特征的数据，或者相对于该属性值的异常取值数据）的挖掘，从而检测出异常的噪声数据，因为噪声数据本身就是孤立点。

聚类法的目的是使数据集最终的分类结果能够保证集合内的数据相似度最高，集合间的数据相似度最低。

基于聚类的噪声数据平滑处理算法的思想是，首先将数据按照某些属性进行聚合分类，通过聚类发现噪声数据，分析判断噪声数据中引起噪声的属性，寻找与其最相似或最邻近的聚类集合，利用集合中的噪声属性的正常值进行校正。通常，聚类法可以分为基于划分的方法、基于层次的方法、基于密度的方法、基于网格的方法及基于模型的方法等。

（3）回归法。

同聚类法一样，回归法也是数据分析的一种常用手段，通过观察两个变量或者多个变量之间的变化模式，构造拟合函数（建立数学模型），利用一个（或者一组）变量值来预测另一个变量的取值，根据实际值与预测值的偏离情况识别出噪声数据，然后用得到的预测值替换数据中引起噪声的属性值，从而实现噪声数据的平滑处理。

（4）人机交互检测法。

人机交互检测法是使用人与计算机交互检查的方法来帮助发现噪声数据的一种方法。利用专业分析人员丰富的背景知识和实践经验进行人工筛选或者制作规则集，再由计算机进行自动处理，从而检测出不符合业务逻辑的噪声数据。当规则集设计合理，比较贴近数据集合的应用领域需求时，这种方法将有助于提高噪声数据筛选的准确率。

3. 不一致性处理

分析不一致数据产生的根本原因，通过数据字典、元数据或相关数据函数完成数据的整理和修正；对于重复或者冗余的数据，使用字段匹配和组合方法消除多余数据。常见匹配算法有基本字段匹配算法、递归字段匹配算法、史密斯-沃特曼算法（Smith-Waterman algorithm）、基于编辑距离的字段匹配算法、改进的余弦相似度函数等。

另外，对于数据库中出现的某些数据记录内容不一致的情况，可以利用数据自身与外部的联系手动进行修正。例如，参考某些例程可以有效校正编码时发生的不一致问题，或者数据本身是录入错误，可以查看原稿进行比对并加以纠正。某些知识工程工具也有助于发现违反数据约束条件的情况。

（三）数据清洗的基本步骤

数据清洗一般包括数据分析、确定数据清洗规则和策略、数据检测、执行数据清洗、数据评估、干净数据回流 6 个基本步骤。

二、数据集成

由于开发技术与结构的不同，往往存在许多异构的信息系统，这些系统的数据源彼此独立、相互封闭，使得数据信息不能共享，造成系统中存在大量冗余数据、垃圾数据，无法保证数据的一致性，从而形成了“信息孤岛”。数据集成目的是消除“数据孤岛”，以提高后续数据分析的精确度和效率。

（一）基本概念

数据集成是指将各个独立系统中的不同数据源按照一定规则组织成一个整体，维护数据源整体上的数据一致性，使得用户能够以透明的方式访问这些数据源。实际应用中，运行在不同软硬件平台上的信息系统往往彼此独立并且彼此异构，如果不能制定有效的数据集成方案，很难实现数据的交流、共享和融合。

大数据集成以传统的数据集成技术为基础，基于不同的数据源分布在不同的应用系统这一现状，考虑到数据源众多且具有分散性，以及应用系统间互不关联，在保证各应用系统的数据源不变的条件下，将数据集成任务分配到各数据源中实现并行处理，在处理过程执行完成后进行整合并返回结果。从狭义的方面来看，大数据集成是指合并规整数据的方案；从广义的方面来看，大数据集成包括与数据管理相关的数据存储、数据移动、数据处理等活动，并且仅对处理结果进行集成，而不是预先对各数据源的数据进行合并，从而可以避免处理时间和存储空间的大量浪费。

数据集成系统按照不同需求在不同的数据源与集成目标之间完成数据的转换和整合，为用户提供统一的数据源访问接口，执行用户对数据源的访问请求，使用户能够以透明的方式访问这些数据源。

（二）需要解决的问题

由于各类信息系统与具体业务相关，各系统建设时间不一，彼此之间存储方式和管理系统架构差异性很大，数据的组织形式和属性类别变化不定，所以在数据集成过程中，数据的转换、移动等均不可避免，同时数据集成的架构和技术也会随着时代的发展不断更新。目前数据集成主要存在以下几个方面的问题。

1. 异构性

异构性包括系统异构性和模式异构性。系统异构性是指数据源所依赖的应用系统、数据库管理系统及操作系统之间的差异；模式异构性是指数据源在存储模式上的不同，一般包括关系模式、对象模式、对象关系模式和文档模式等。

数据集成系统需要为异构数据提供统一的标识、存储和管理，屏蔽各种异构数据间的差异，为用户提供统一的访问模式以及透明的数据查询服务。

2. 一致性和冗余

数据的一致性涉及冲突数据的识别和处理，即判断来自不同数据源的实体是否为同一实体。

如表 3-4 所示，假设现在要判断某一数据库中的 Product_ID 和另一个数据库中的 Prod_Number 是否具有相同的属性，首先查看属性说明，可以发现这两项数据都是关于产品编号的，因此有可能是同一属性，然后考察它们的数据类型，发现两者并不相同，Product_ID 为 Int 型，Prod_Number 为 Short Int 型，因此对这两个数据库进行集成时，需要使用可靠的手段确定 Product_ID 和 Prod_Number 是否有相同属性，如借助元数据来确定。元数据是关于数据的数据，各属性的元数据包括名字、含义、数据类型和属性的取值范围，以及处理“0”“NULL”或空白等缺失性数值的空值规则，这样一来可以通过元数据完成实例识别，避免发生模式集成错误。集成后两项数据需要统一为相同的类型。

表 3-4 数据不一致性示例

属性名称	数据类型	说明	属性名称	数据类型	说明
Product_ID	Int	产品编号	Prod_Number	Short Int	产品编号
Type	Short Int	类型	Time	Date	生产日期
Price	Real	价格	Prod_Company	String	生产公司

需要特别注意的是，在数据集成过程中经常需要集成来自不同数据源的有关同一用户的信息，由于属性取名不统一，势必会造成数据不一致的情况出现，因此不一致性处理是数据集成中的基础性问题。

冗余与重复是数据集成中的另一常见问题。在一个数据集中，某个属性（如产品总价格）可能会由另一个属性或者多个属性（产品单价和产品售出数量）“导出”，这会导致数据挖掘需要对相同信息进行重复处理，从而降低数据挖掘的工作效率。对于数据冗余问题，可以利用相关性分析进行检测。

3. 数据的转换

集成结构化、半结构化和非结构化数据时需要根据集成目标的需求制定转换规则，完成数据的整合，将其转换成统一的数据格式。

4. 数据的迁移

随着用户业务的更新，当新的应用系统替代原有的应用系统时，根据目标应用系统的数据结构需求，必须对原有应用系统的业务数据进行格式转换并将其迁移到新的应用系统中。

5. 数据的协调更新

处于同一数据集成环境中的多个应用系统，如报表应用、财务应用、事务处理应用、企业应用以及安全与身份识别应用等，当其中某些应用系统的数据发生更新时，需要及时通告其他的应用系统，以便完成必要的数据移动。

6. 非结构化数据与传统结构化数据的集成

结构化数据多来自传统数据库，而目前数量惊人的文档、电子邮件、网站、社会化媒体、音频及视频文件中的数据多属于半结构化或非结构化数据，这些数据通常存储于数据库之外，对于非结构化和结构化数据的集成来说，元数据和主数据是非常重要的概念。

在数据集成中，通常需要使用到与非结构化数据相关联的键、标签或者元数据，可通过客户、产品、雇员或者其他主数据引用进行搜索。例如，某段视频可能包含某家企业的信息，通过将其与企业商标、名称等进行匹配增设标签（或者元数据），从而与企业信息建立关联。因此，可以将主数据引用作为元数据标签附加到非结构化数据上，在此基础上实现多种异构数据源的集成。

7. 数据集成的分布式处理

基于众多数据源的分布式现状，将数据集成的处理过程分配到多个数据源上实现协同合作，并行实现对数据的访问查询和结果返回，并对处理结果进行整合，可以有效避免数据冗余，进而提高数据集成效率。

三、数据变换

通过数据清洗，原始数据中包含的无效值、缺失值、噪声数据、异常数据等被逐一清理，在数据集成过程中解决了不同来源的数据的不一致问题，而下一步的数据变换是将待处理的数据变换或统一成适合分析挖掘的形式。

数据变换的方法包括数据平滑、数据聚集、数据泛化、数据规范化、属性构造等，通过线性或者非线性的数学变换方法将维数较多的数据压缩成维数较少的数据，从而减少来自不同数据源的原始数据之间在时间、空间、属性或者取值精度等特征方面的差异，进而获得高质量的数据，便于后续的数据分析。

（一）数据平滑

源数据获取过程中不可避免地会存在噪声，通过数据平滑可以去除数据噪声和无关信息，也可以处理缺失数据和清洗“脏”数据，提高数据的信噪比。数据平滑具体包括分箱法、回归法和聚类法等方法，这些方法也常被应用于数据清洗环节。

（二）数据聚集

数据聚集是对数据进行汇总和聚集操作，将一批细节数据按照维度、指标与计算元的不同进行汇总和归纳，完成记录行压缩、表联合、属性合并等预处理过程，为多维数据构造直观的立体图表或数据立方。

（三）数据泛化

数据泛化也就是概念分层，是用高一级的概念来取代低层次或者“原始”的数据。进行数据泛化的主要原因在于在数据分析过程中可能不需要太具体的概念，用少量区间或标签取代“原始”数据能降低数据挖掘的复杂度。虽然使用这种方法有可能会丢失数据的某些细节，但泛化后的数据更简化、更具有实际意义，挖掘的结果模式也更容易理解。

高层次的概念一般包含若干个所属的低层次概念，其属性取值也相对较少。例如，低层次的“原始”数据可能包含“吊带”“连衣裙”“半裙”“男士西裤”“夹克”“派克大衣”等概念，可以泛化为较高层次的概念，如“女装”“男装”等，然后逐层递归组织成更高层次的概念，如“服饰”，形成数据的概念分层。对于同一个属性可以定义多个概念分层，以适应不同用户的需求。

数据泛化的重点在于概念分层，概念分层一般蕴含在数据库的模式中。常见的概念分层方法有以下四种。

（1）由用户或专家在模式定义级说明属性的部分序或者全序，即自顶向下或自底向上的分层方向。例如，数据库中的“服饰”，包含“男装、女装、服装、夹克”等属性，属性的全序（夹克＜男装＜服装）将在数据库的模式定义级定义，对应分层结构。

（2）人工补充说明分层结构。完成模式级的分层结构说明后，可以根据分析需求手动添加中间层。

（3）说明属性分层结构但不指定属性的序。用户定义属性分层结构，由系统自动产生属性的序，构造具有实际意义的概念分层。通常高层的属性取值较少，低层的属性取值较多，常见的排序方法可以按照属性的取值个数生成属性的序，如将“鞋类”属性泛化为“凉鞋、单鞋、短靴、长靴”等属性，并按照取值数量排序。

在某些属性分类中，当低层属性取值小于高层属性取值时，此种排序方法并不适用。例如，在属性“就诊时间”的分层结构中，年、月、周按照天数取值正好相反，一周只有 7 天，而年、月的天数都要更多，按属性取值个数自底向上得到“年＜月＜周”的分层，显然不合理，因此要视具体应用而定。

（4）对于不完全的分层结构，使用预定义的语义关系触发完整分层结构。当用户定义概念分层时，由于某些人为因素或特殊原因，分层结构只包含了相关属性的部分内容，如“服饰”分层只包括“男装”和“女装”，此时构造的分层结构不完整。可以设置预先定义的语义关系，如将“男装”“女装”“鞋类”“配饰类”等相关属性进行绑定，当其中一个属性“女装”在分层结构中被引入，通过完整性检测，其余属性也会被自动触发，形成完整的分层结构。

数据泛化在概念抽象的分层过程中，需要注意避免过度泛化导致替代得到的高层概念变成无用信息。

（四）数据规范化

数据属性使用的度量单位不同可能会影响数据分析结果。例如，距离的度量单位由“千米”变成“米”，时间的度量单位由“小时”变成“天”，属性的单位较小会使数值处于较大的区间，属性因而具有较大的影响或者较高的权重，这将导致数据处理和分析得到不同的结果。

数据规范化就是把所有属性数据按比例缩放到一个较小的特定范

围内，达到赋予所有属性相同权重的目的。规范化过程可以将原始的度量值转换为无量纲的值，从而消除数据因过于分散引起的挖掘结果偏差。规范化特别适用于分类算法，如神经网络的分类算法或基于距离度量的分类和聚类算法。

（五）属性构造

属性构造又称特征构造或特征提取，即基于已有的属性创造和添加一些新的属性并写入原始数据中，帮助发现可能缺失的属性间的关联性，以提高精度和对高维数据的理解，进而在数据挖掘中得到更有效的挖掘结果。例如，已有属性“宽度（width）”和“高度（height）”，可以根据需要添加新的属性“周长（perimeter）”，或者根据客户在一个季度内每月的消费金额特征构造季度消费金额特征。另外，构造适当的属性有助于减少分类算法中学习构造决策树时所出现的碎块问题（fragmentation problem）。

四、数据归约

数据归约是基于挖掘需求和数据的自有特性，在原始数据的基础上选择并建立用户感兴趣的数据集合，通过删除数据的部分属性、替换部分数据表示形式等操作对数据集合中出现偏差、重复、异常等的数据进行过滤，尽可能地保持原始数据的完整性，并最大限度地精减数据，在保证得到相同（或者近似相同）的分析结果的前提下节省数据挖掘所需的时间。

常见的数据归约方法包括维归约、数据压缩、数值归约和数据离散化与概念分层等。

（一）维归约

数据集合中通常包含成百上千个属性，其中很多属性与挖掘任务无关，如分析学生的困难补助信用度时，学生班级、入学时间等属性与挖掘任务无关，可删除。由领域专家帮助筛选有用属性将是一项困难且费时的工作，当数据内涵模糊时，漏掉相关属性或保留无关属性都会降低数据挖掘效率，导致所选择的挖掘算法不能正确运行，从而严重影响最终挖掘结果的正确性和有效性。

维归约就是通过删除多余和无关的属性（或维），实现压缩数据集中的数据量的目的。使用优化过的属性集进行挖掘，可以减少出现在发现模式上的属性数目，使得模式更易于理解。

维归约使用属性子集选择(Attribute Subset Selection)方法，目标是找出最小属性子集，使得新数据子集的概率分布与原始属性集尽可能保持一致。对于包含n个属性的集合，有 $2n$个不同的子集，从原始属性集中发现最佳属性子集的过程就是一个最优穷举搜索过程，当n和数据规模不断增加，搜索的可能性将变得极小。因此，一般使用启发式算法来帮助有效压缩搜索空间，其算法策略是在搜索属性空间时做局部最优选择，期望以此获得全局最优解，从而帮助确定相应的属性子集。

“最优”或者“最差”的属性通常使用统计显著性检验来确定，前提条件是假设各属性之间是相互独立的。此外，还有许多其他属性评估度量方法，如用于构造分类决策树的信息增益度量。

属性子集选择方法使用的压缩搜索空间的基本启发式算法包括逐步向前选择、逐步向后删除、向前选择和向后删除结合、决策树归纳等方法。

1. 逐步向前选择

逐步向前选择方法使用空属性集作为归约的属性子集初始值，每次从原属性集中选择一个当前最优的属性添加到归约属性子集中，重复这一过程，直到无法选出最优属性或满足一定的阈值约束条件。

2. 逐步向后删除

逐步向后删除方法使用整个属性集作为归约的属性子集初始值，每次从归约属性子集中选择一个当前最差的属性将其删除，重复这一过程，直到无法选出最差属性或满足一定的阈值约束条件。

3. 向前选择和向后删除结合

向前选择和向后删除结合方法是将逐步向前选择和逐步向后删除两种方法结合起来，每次从原属性集中选择一个当前最优的属性添加到归约属性子集中，并在原属性集的剩余属性集中选择一个当前最差的属性将其删除，直到无法选出最优属性和最差属性或满足一定的阈值约束条件。

4. 决策树归纳

分类中的决策树算法也可以用于构造属性子集，决策树归纳的基本思想是利用决策树算法对原始属性集进行分类归纳学习，获得一个初始决策树，其中的每个内部节点（非树叶）都表示一个属性的测试，每个分支对应测试的一个结果，每个外部节点（树叶）都表示一个类预测。在每个节点上，算法选择最好的属性并对数据进行分类。所有未出现在该决策树上的属性均被认为是无关或冗余的属性，将这些属性从原始属性集中删除，由出现在决策树上的属性形成归约后的属性子集。

（二）数据压缩

利用数据编码和数据变换方法得到原始数据经压缩形成的归约表示，通常可以采用无损压缩和有损压缩两种方式。无损压缩是指在不损失任何信息的前提下还原出原始数据；而有损压缩是对原始数据的近似表示，会损失一小部分信息。

常见的离散小波变换（Discrete Wavelet Transform，DWT）和主成分分析（Principal Components Analysis，PCA）两种数据压缩方法都属于有损压缩。

（三）数值归约

数值归约主要是指采用替代的、较小的数据表示形式来减少数据量，包括有参数和无参数两类方法。

1. 回归和对数线性模型

回归即利用模型来评估数据，存储模型参数而不是实际数据，可用于稀疏数据和异常数据的处理，属于有参数方法。

线性回归通过建模将数据拟合到一条直线，而多元回归是线性回归的扩展；对数线性模型用于估算离散的多维概率分布，同时可以进行数据压缩和数据平滑。

回归和对数线性模型均可用于处理稀疏数据及异常数据，其中回归模型处理异常数据更具优势。对于高维数据，回归计算复杂度大，而对数线性模型具有较好的可伸缩性，可扩展至 10 个属性维度。

2. 直方图

直方图使用分箱（Bin）方法估算数据分布，以直方图形式替换原始数据。属性的直方图是根据数据分布将数据集划分为多个不相交的子集（箱），每个子集表示属性的一个连续取值区间，沿水平轴显示，其高度（或面积）与该子集中的数据分布（数值平均出现概率）成正比。

3. 抽样

抽样是使用数据的较小随机样本（子集）替换大的数据集，如何选择具有代表性的数据子集至关重要。抽样技术的运行复杂度小于原始样本规模，获取随机样本的时间仅与样本规模成正比。常见的抽样方法有不放回简单随机抽样（SRSWOR）方法、放回简单随机抽样（SRSWR）方法、分层抽样方法等。

4. 聚类

将数据元组划分成组或者类，同一组或者类中的元组比较相似，不同组或者类中的元组彼此不相似，用数据的聚类替换原始数据。聚类技术的使用受限于实际数据的内在分布规律，对于被污染（带有噪声）的数据，采用这种技术更为有效。

相似性是聚类分析的基础，可以用距离来衡量数据之间的相似程度，距离越短，数据间的相似性越大。数值属性常用的距离形式包括欧氏距离、切比雪夫距离、曼哈顿距离、闵可夫斯基距离、杰卡德距离等。

（四）数据离散化与概念分层

数据离散化技术可以将属性范围划分成多个区间，用少量区间标记替换区间内的属性数据，从而减少属性值的数量，该技术在基于决策树的分类挖掘方法中非常适用。

概念分层在数据变换中曾经提到，在数据归约中，可以通过对数值属性数据分布的统计分析自动构造概念分层，完成高层概念（如五级分制，即“优”“良”“中”“及格”“不及格”）替换低层概念（属性“分数”的具体数字分值）的过程，实现该属性的离散化和数据的归约。常见的分箱、直方图分析、聚类分析、基于熵的离散化以及通过“自然划分”得到的数据分段均属于数值属性的概念分层生成方法。

分类属性数据本身即是离散数据，包含有限个（数量较多）不同取值，各个数值之间无序且互不相关，如用户电话号码、工作单位等。概念分层方法可以通过属性的部分序由用户或专家应用模式级显示说明、数据聚合描述层次树、定义一组不说明顺序属性集等方法构造。

第四节　大数据采集及处理平台

在应用领域，良好的数据采集工具应具备以下 3 个特征。

（1）低延迟。

在大数据迅猛发展的今天，业务数据从产生到收集、分析处理，对应的实时应用场景越来越多，分布式实时计算能力也在不断增强，因此对数据采集的低延时、实时性要求越来越高。

（2）可扩展性。

大量业务数据分布在不同服务器集群中，随着业务部署和系统更新，集群的服务器也会随之变化，或有增加或有退出，数据采集框架必须易于扩展和部署，以及时做出相应的调整。

（3）容错性。

数据采集系统服务于众多网络节点，必须具备巨大的吞吐容量和强大的数据采集、存储能力，当部分网络或采集节点发生故障时，要保证数据采集系统仍具备采集数据的能力，并且不会发生丢失数据的情况。

目前常见的大数据采集工具有 Cloudera 的 Flume、脸书的 Scribe、开源软件基金会（Apache）的 Chukwa、阿里的 TT（Time Tunnel，实时数据传输平台）等，这些工具大多是作为完整的大数据处理平台而设计的，不仅可以进行海量日志数据采集，还可以实现数据的聚合和传输。

下面简要介绍 Flume、Scribe 和 TT 平台。

一、Flume

Flume 原是 Cloudera 公司提供的一个高可用的、高可靠的、分布式海量日志采集、聚合和传输系统，而后纳入 Apache 旗下，成为一个顶级开源项目。

Flume 采用基于流式数据流（Data Flow）的分布式管道架构，通过位于数据源和目的地之间的 Agent（代理）实现数据的收集和转发。

Flume 运行的核心是 Agent。Flume 以 Agent 为最小的独立运行单元，一个 Agent 就是一个 java 虚拟机（Java Virtual Machine，JVM），它是一个完整的数据采集工具，包含三个核心组件：Source（数据源）、Channel（数据通道）和 Sink（数据槽）。组件之间采用事件传输数据流。事件是 Flume 的基本数据单元，由消息头和消息体组成，日志数据就是以字节数组的形式包含于消息体中的。

（一）Source

Source 是输入数据的收集端，作为 Flume 的输入点，负责在捕获数据后对其进行特殊的格式化，接着将其封装到事件里并送入通道中。Flume 可以接收其他 Agent 的 Sink 传送来的数据，或者自己产生数据，并提供对各种 Source 的数据收集能力，包括 NetCat、Syslog、Thrift、Exec、Spooling Directory、Syslog TCP、Syslog UDP、JMS、RPC、HTTP、HDFS、Avro 等数据源。除此之外，Flume 还支持定制数据源。

（二）Channel

Channel 作为连接组件，用于缓存 Source 已经接收到而尚未成功写入 Sink 的中间数据（数据队列），允许两者运行速率不同，为流动的事件提供中间区域。实际应用中可以使用内存、文件、Java 数据库连接（JDBC）等不同配置实现数据通道，以保证 Flume 不会丢失数据，具体选择哪种配置与应用场景有关。

Memory Channel（内存通道）在内存中保存所有数据，实现数据的高速吞吐，但是只能暂存数据而无法保证数据的完整性，出现系统事件或者 Agent 重启时会导致数据丢失。Memory Channel 的存储空间有限，存储能力较差，适用于高速环境且对数据丢失不敏感的场景；File Channel（文件通道）是 Flume 的持久通道，用于将所有数据写入磁盘，以保证数据的完整性与一致性，即使在程序关闭或 Sink 宕机时也不会丢失数据，但读写速度较慢，性能略低于内存通道，主要应用于存储需要持久化和对数据丢失敏感的场景。

（三）Sink

Sink 负责从通道中取出数据完成相应的文件存储（当日志数据较少时）或者将其放入 Hadoop 数据库中（当日志数据较多时），并发送至目标地址或下一个 Agent。Sink 包括内置接收器和用户自定义接收器两类，可支持的数据接收器类型包括 Elasticsearch、HDFS、HBase、Solr、RPC、File、Avro、Thrift、File Roll、Null、Logger 或者其他的 Flume Agent。

HDFS Sink 是 Hadoop 中最常使用的接收器，可以持续打开 HDFS 中的文件，以流的方式写入数据，根据需要在某个时间点关闭当前文件并打开新的文件。HBase Sink 支持 Flume 将数据写入至 HBase，包括 HBase Sink 和 AsyncHBase Sink 两类接收器，两者配置相似，但实现方式略有不同。HBase Sink 使用 HBase 客户端 API 写入数据至 HBase，AsyncHBase Sink 使用 AsyncHBase 客户端 API 写入数据，该 API 是非阻塞的（异步方式）并通过多线程将数据写入 HBase，因此性能更好，但同步性略差。RPC（远程过程调用）Sink 与 RPC Source 使用相同的

RPC 协议，能够将数据发送至 RPC Source，因此可以实现数据在多个 Flume Agent 之间的传输。

在 Flume 的具体应用部署中，考虑到可靠性的要求，一般会限制可以连接的 Agent 数量；在更加灵活的应用环境中，Source 上的数据可以复制到不同的 Channel 中，每个 Channel 可以连接不同数量的 Sink，这样连接不同配置的 Agent 就可以组成一个复杂的数据传输收集网络。

二、Scribe

Scribe 是脸书开源的日志收集系统，基于脸书公司的 Thrift（远程过程调用框架）开发形成，支持 C++、Java、Python、PHP、Ruby、Perl、Erlang、Haskell、C#、Cocoa、Smalltalk 或 OCaml 等多种编程语言，可以跨语言和平台进行数据收集，支持图片、音频、视频等文件或附件的采集，并且能够保证网络和部分节点异常情况下的正常运行，但已经多年不再维护。

Scribe 采用客户端/服务器的工作模式。客户端本质上是一个 Thrift 客户端，通过内部定义的 Thrift 接口将日志数据推送给 Scribe 服务器。Scribe 服务器由两部分组成，即中央服务器（Central Server）和本地服务器（Local Server）。本地服务器分散于 Scribe 系统中大量的服务器节点上，构成服务器群，用于接收来自客户端的日志数据，并将数据放入一个共享队列，然后推送到后端的中央服务器上。当中央服务器出现故障不可用时，本地服务器会把收集到的数据暂时存储于本地磁盘，待中央服务器恢复运行后再进行上传。中央服务器可以将收集到的数据写入本地磁盘或分布式文件系统如 NFS（网络文件系统）或 DFS（分布式文件服务器）上，便于日后集中进行分析与处理。

Scribe 客户端发送给服务器的数据记录由 Category（类别）和

Message（消息）两部分组成，服务器根据 Category 的取值对 Message 中的数据进行相应处理。具体处理方式包括 File（存入文件）、Buffer（采用双层存储：一个为主存储，另一个为副存储）、Network（发送给另一个 Scribe 服务器）、Bucket（通过 Hash 函数从多个文件中选择存放数据的文件）、Null（忽略数据）、Thrift file（存入 Thrift TFileTransport 文件中）和 Multi（同时采用多种存储方式）。

三、TT

TT（Time Tunnel）是阿里巴巴基于 Thrift 通信框架搭建的开源实时数据传输平台，具有高效性、实时性、顺序性、高可靠性、高可用性、可扩展性等特点，在阿里巴巴集团内部广泛应用于日志收集、数据监控、广告反馈、量子统计、数据库同步等领域。

在阿里巴巴大数据系统中，TT 仅作为数据传输平台使用，而不具备数据采集功能，但其提供了构建高性能、海量吞吐数据收集工具的基础架构。TT 可以提供数据库的增量数据传输，也可以实现日志数据传输，作为数据传输服务的基础架构，TT 还可以支持实时流式计算和各种时间窗口的批量计算。

TT 基于消息订阅发布的工作模式运行，该系统主要包括 5 个部分，分别是 Client（客户端）、Router（路由器）、Zookeeper（分布式服务架构）、Broker（缓存代理）和 TTManager（TT 任务管理器）。

（一）Client

Client 是用户访问 TT 系统的一组 API 接口，为用户提供消息发布和订阅功能，主要包括安全认证、发布和订阅三类 API。目前 Client 支持 Java、Python 和 PHP 三种编程语言。

（二）Router

作为访问 TT 的门户，Router 主要提供路由服务、安全认证、负载均衡三种功能，同时管理每个 Broker 的工作状态。

Client 访问 TT 的第一步就是要向 Router 进行安全认证。一旦认证通过，Router 将根据 Client 发布或者订阅的 Topic（主题）种类为 Client 提供必要的路由信息，确定为消息队列提供服务的 Broker，并及时向 Client 返回正确的 Broker 地址。Router 还通过启动路由机制保证 Client 与正确的 Broker 建立连接，并通过负载均衡策略使所有的 Broker 平均地接受 Client 访问。

（三）Broker

Broker 是整个 TT 的核心部分，承担实际的流量，进行消息队列的读写操作，完成消息的存储转发。Broker 以环形结构组成集群存储系统，通过配置告知 Router 集群系统的负载均衡策略，以确保 Router 提供正确的路由服务。在环形结构中，各节点的后续节点为备份节点，当某一节点发生故障时，可以从备份节点恢复因故障丢失的数据。

（四）Zookeeper

作为 Hadoop 的开源项目，Zookeeper 是 TT 的状态同步模块，用于存储 Broker 和 Client 的状态。Router 通过 Zookeeper 感知系统状态的变化，如增加或删除 Broker 环、环节点的增删、环对应的 Topic 的增删、系统用户信息变化等。

（五）TTManager

TTManager 管理整个 TT 平台，负责对外提供消息队列的申请、删除、查询服务及集群存储系统的管理接口；对内完成故障检测，发起消息队列迁移等。

4

第四章
大数据分析与数据挖掘

第一节　大数据分析的基本概念

“大数据”是时下最热门的IT行业的关键词，随之产生了数据仓库、数据安全、数据分析、数据挖掘等，大数据的商业价值利用逐渐成为行业人士争相追捧的利润焦点。随着大数据时代的来临，大数据分析应运而生。

一、大数据分析概论

大数据分析是指采用适当的统计方法对收集到的大量数据进行分析，为了提取有用信息和形成结论而对数据进行详细研究和概括总结的过程。在实际应用中，大数据分析可以帮助人们做出判断，以便人们采取适当的行动或措施。数据分析的数学基础在20世纪早期就已经确立，但直到计算机出现才使实际操作成为可能，并使数据分析得到推广。数据分析是数学与计算机科学相结合的产物。

大数据分析旨在把隐藏在批量的、看起来杂乱无章的数据中的信息集中并提炼出来，从中找出所研究对象的内在规律。数据分析是有组织、有目的地收集数据、分析数据，使之成为信息的过程，是质量管理体系的支持过程。在产品的整个生命周期，包括从市场调研到售后服务和最终处置的各个环节，都需要适当进行数据分析，以提升数据的有效性，从而促进产品的生产和销售。

大数据分析是对规模巨大的数据进行分析，挖掘数据中的有利信息并加以有效利用，将数据的深层价值体现出来。大数据分析之所以备受关注，是因为大数据具有巨大的潜在价值。大数据分析技术作为大数据获取数据价值的关键手段，在大数据分析中占有极其重要的地位，可以说是决定大数据价值能否被发掘出来的关键因素。数据分析是整个大数据处理流程的核心。在数据分析过程中，人们采用适当的方法（包括统计分析和数据挖掘等方法）对采集到的海量数据进行详细研究和概括总结，从而发现并利用其中蕴含的信息和规律。大数据分析的主要目的是推测或解释数据、检查数据是否合法、给决策提供合理建议、诊断或推断错误原因以及预测未来将要发生的事情。正是有了大数据分析才使得规模巨大的数据能够有条理、正确地分类，产生有价值的分析报告，从而应用到各领域中，促进其发展。

二、数据分析的类型

根据大数据的数据类型，可以把大数据分析划分成三类，即结构化数据分析、半结构化数据分析和非结构化数据分析。

（一）结构化数据分析

结构化数据是指可以以固定格式存储、访问和处理的任何数据。计算机科学领域在开发用于处理此类数据的技术方面取得了巨大的成功（这种格式已经众所周知），并从中获得了价值；当此类数据的规模大幅增长时，可以预见，典型的数据规模已达到 ZB 级别。

（二）半结构化数据分析

半结构化数据包括 HTML 网页或者 XML 文档两种形式的数据。

（三）非结构化数据分析

任何形式或结构未知的数据都归为非结构化数据。在挖掘非结构化数据的价值的过程中我们面临着许多挑战。非结构化数据的典型示例是异构数据源，其中包含简单文本文件、图像、视频等的组合。如今，组织机构拥有大量可用数据，但遗憾的是，人们不知道该如何从中获取价值，此类数据为原始格式或非结构化格式。

大数据分析的出现不是对传统数据分析的否定，而是对传统数据分析的集成和发展。传统数据分析方法中的数据挖掘和统计分析仍然在大数据分析中发挥着重要作用。同时，大数据分析也呈现出和传统数据分析不同的特征，具体表现在以下 4 个方面。

（1）分析的数据量不一样。

传统数据分析是对少量的数据样本进行分析，而大数据分析的对象是与事物相关的所有数据，而不是仅分析少量的数据样本。

（2）分析的侧重点不一样。

大数据分析的重点不是发现事物之间的因果关系，而是发现事物之间的相关关系，因此相关分析是大数据分析的重要内容。

（3）分析的数据来源不一样。

传统数据分析的对象大多局限在同一来源的数据，但大数据分析更强调数据的融合。每一种数据来源都有一定的局限性和片面性，只有融合、集成各方面的原始数据，才能反映出事物的全貌。事物的本质和规律隐藏在各种原始数据的相互关联之中。不同的数据可能描述同一实体，但角度不同。对同一个问题，不同的数据能提供互补信息，可使人们对问题有更加深入的理解。因此，在大数据分析中，尽量汇集多种来源的数据是关键。

（4）数据的解释方式不一样。

可视化分析在传统数据分析中只是一种辅助分析手段，但大数据分析更强调可视化分析的应用。

第二节　大数据分析方法

大数据分析有以下五种基本方法。

一、预测性分析

大数据分析最普遍的应用就是预测性分析，从大数据中挖掘出有价值的知识和规则，通过科学建模呈现出结果，然后将新的数据代入模型，从而预测未来的情况。

麻省理工学院的研究者创建了一个计算机预测模型，用来分析心脏病患者丢弃的心电图数据。他们利用数据挖掘和机器学习对海量数据进行筛选分析，发现心电图中出现三类异常者一年内死于第二次心脏病发作的概率比未出现者要高出 1～2 倍。采用这种方法能够预测出更多的无法通过现有的风险筛查探查出的高危病人。

二、可视化分析

无论是对数据分析专家还是普通用户来说，大数据分析最基本的要求都是可视化分析，因为可视化分析能够直观地呈现出大数据的特点，也更容易被用户接受。可视化分析可以直观地展示数据，让数据自己说话，让观众听到结果，数据可视化分析是数据分析工具最基本的要求。

三、大数据挖掘算法

可视化分析结果是给用户看的，数据挖掘算法是给计算机看的，通过让机器学习算法，按人的指令工作，将隐藏在数据之中的有价值的结果呈现给用户。大数据分析的理论核心是数据挖掘算法，该算法不仅要考虑数据量的问题，也要考虑处理速度的问题，目前许多领域的研究都是在分布式计算框架下对现有数据挖掘理论加以改进，进行并行化、分布式处理。

常用的数据挖掘方法包括分类、预测、关联规则、聚类、决策树、描述和可视化、复杂数据类型挖掘（Text、Web、图形图像、视频、音频）等，有很多学者对大数据挖掘算法进行研究并发表了文献。例如：有文献提出对适用于慢性病分类的 C4.5 决策树算法进行改进，对基于 MapReduce 的编程框架进行算法的并行化改造；有文献提出对数据挖掘技术中的关联规则算法进行研究，并通过引入兴趣度对经典先验算法（Apriori Algorithm）进行改进，提出了一种基于 MapReduce 的改进的先验医疗数据挖掘算法。

四、语义引擎

数据的含义就是语义。语义技术是从词语所表达的语义层次上来认识和处理用户的检索请求的。

语义引擎通过对网络中的资源对象进行语义上的标注以及对用户的查询表达进行语义处理，使得自然语言具备语义上的逻辑关系，能够在网络环境下进行广泛且有效的语义推理，从而更加准确、全面地实现用户的检索。大数据分析被广泛应用于网络数据挖掘，可以从用户的搜索关键词来分析和判断用户的需求，从而为用户提供更好的用户体验。

举例来说，一个语义搜索引擎试图通过上下文来解读搜索结果，它可以自动识别文本的概念结构。例如，搜索“选举”，语义搜索引擎可能会获取包含“投票”“竞选”“选票”的文本信息，然而“选举”一词可能根本没有出现在这些信息来源中，也就是说，语义搜索引擎可以对关键词的相关词和类似词进行解读，从而提高搜索信息的准确性和相关性。

五、数据质量和数据管理

数据质量和数据管理是指为了满足信息利用的需要而规范信息系统的各个信息采集点，包括建立模式化的操作规程、原始信息校验、错误信息反馈与矫正等一系列过程。大数据分析离不开数据质量和数据管理，高质量的数据和有效的数据管理，无论是在学术研究中还是在商业应用领域，都能够保证分析结果真实且有价值。

第三节　大数据与数据挖掘

面对体量庞大的数据资源，要想从中得到有价值的信息和知识作为决策支持依据，就需要用到数据挖掘技术。本节重点讲述数据挖掘的相关知识。

一、数据和知识

数据是反映客观事物的数字、词语、声音和图像等，是可以进行计算加工的“原料”。数据是对客观事物的数量、属性、位置及其相互关系的抽象表示，适于存储、传递和处理。随着信息技术的发展，每天有数以亿计的海量数据被获取、存储和处理。这些海量数据中蕴含着大量的信息以及潜在的规律或规则。人们可以通过海量数据了解客户的需求，预测市场动向，等等。然而，数据仅仅是人们运用各种工具和手段观察外部世界所得到的原始材料，从数据到知识再到智慧，需要经过分析、加工、处理和精炼等一系列过程。

知识是人类对客观世界的观察和了解，是人类在实践中认识客观世界的成果。知识推动人类的进步和发展，人类所做出的正确判断和决策以及所采取的正确行动都是基于智慧和知识。在信息化的现代社会中，知识在各个方面都占据着中心地位，并起着决定性作用。知识是事物的概念或规律，源于外部世界，所以知识是客观的；但是知识本身并不是客观现实，而是事物的特征与联系在人脑中的反映。数据是知识的源泉，将概念、规则、模式、规律和约束等视为知识，就像从矿山中采矿一样，从数据中获取知识。

“啤酒与尿布”是沃尔玛利用数据获取知识的典型成功案例。1983年，沃尔玛借助信息技术发明了条形码、无线扫描枪、计算机跟踪存货等新技术，使各部门、各业务流程更加迅速、准确地运行；同时，数据库系统中积累了包括大量顾客消费行为记录在内的海量经营数据。沃尔玛在对海量数据进行分析时意外发现，跟尿布一起购买最多的商品是啤酒。经过深入研究，人们发现这些数据揭示了“尿布与啤酒”这一现象背后所隐藏的美国人的一种行为模式，即年龄为25～35岁的年轻父亲下班后经常要到超市去给婴儿买尿布，其中，30%～40%的人会顺手买几瓶啤酒。沃尔玛立即采取行动，将卖场内原本相隔很远的妇婴用品区与酒类饮料区的空间距离缩短，以方便顾客，并对新生育家庭的消费能力进行调查，同时对这两种产品的价格做了调整，结果尿布与啤酒的销售量获得了大幅增长。

随着计算机技术、数据库技术、传感器技术和自动化技术的快速发展，数据的获取、存储变得越来越容易。这些数据和由此产生的信息如实地记录着事物的本质状况，但是数据量的激增迫使人们不断寻找新的工具，以满足其探索规律，进而为决策提供有效信息支持的需求。

二、数据挖掘的概念

数据挖掘是一种信息处理技术，是从大量数据中自动分析并提取知识的一种技术。数据挖掘是一个从大量的、不完全的、有噪声的、模糊的、随机的实际数据中提取隐含其中的、人们现实所不知但又有潜在价值的信息和知识的过程。数据挖掘的目的是从所获取的数据中发现新的、规律性的信息和知识，以辅助科学决策。利用各种分析工具对海量数据进行深入归纳、分析，从而获得对所研究对象更深层次的认识，发现隐藏在数据中的数据之间的规律性关系，以及可以预测趋势的数学模型，并根据这些知识和规则建立用于决策支持的模型，用来分析风险、进行预测。数据挖掘技术就是指为了完成数据挖掘任务所用到的全部技术。金融、零售等行业企业已广泛采用数据挖掘技术来分析用户的可信度和购物偏好。

数据挖掘是近年来伴随着数据库系统的大量建立和万维网的广泛应用而发展起来的一门全新的信息技术。数据挖掘是一门交叉性学科，它是数据库技术、机器学习、统计学、人工智能、可视化分析、模式识别等多门学科的融合。

三、数据挖掘过程

数据挖掘的步骤会根据不同领域的应用而有所变化，每种数据挖掘技术都会有自身的特性和使用步骤，针对不同问题和需求所制定的数据挖掘过程也会有所差异。此外，数据的完整程度、专业人员的支持程度等都会对建立数据挖掘过程有所影响。这些因素造成了数据挖掘在不同领域中的运用、规划以及流程的差异性，即使是同一产业，也会因为分析技术和专业知识的涉入程度不同而有所不同，因此对数据挖掘过程的系统化、标准化就显得格外重要。

（一）定义问题，确定业务对象

清晰地定义业务问题，认清数据挖掘的目的是学习数据挖掘的重要步骤，数据挖掘的最后结构是不可预测的，但要探索的问题应该是有预见的。

（二）数据准备

数据准备包括数据采集与数据预处理。

1. 数据采集

数据采集是指提取数据挖掘的目标数据集，搜索所有与业务对象有关的内部和外部数据信息，并从中选择用于数据挖掘应用的数据。

2. 数据预处理

数据预处理是指研究数据的质量，为进一步分析数据做准备，并确定将要进行的挖掘操作的类型。进行数据再加工，包括检查数据的完整性及一致性，去噪声，填补丢失的域，删除无效数据，等等。

将数据转换成一个分析模型，这个分析模型是针对挖掘算法建立的，建立一个真正适合挖掘算法的分析模型是数据挖掘取得成功的关键因素。

（三）建立模型和假设

数据建模是数据挖掘流程中核心的环节，使用机器学习算法或统计方法对挖掘的数据进行建模分析，从而获得最适合系统的模型。数据建模环境是开展统计建模科学与研究的场所，主要模型有分布探索、实验设计、特征估计、假设检验、时间序列、筛选设计、模型拟合、随机过程、多元分析、机器学习等。根据数据功能的类型和数据的特点选择相应的算法，在净化和转换过的数据集上寻找规律，并建立模型和假设。

（四）结果分析

结果分析是指对数据挖掘的结果进行解释和评价，将其转换成为能够最终被用户理解的知识。对所得到的经过转换的数据进行挖掘，除了选择合适的挖掘算法以外，其他工作都能自动完成。

由上述步骤可以看出，数据挖掘牵涉大量的准备工作与规划工作，事实上许多专家认为，整个数据挖掘的过程中，有80%的时间和精力是花费在数据预处理阶段，其中包括数据净化、数据格式转换、变量整合及数据表链接。可见，在进行数据挖掘技术分析之前，还有许多准备工作要完成。

四、数据挖掘解决的商业问题

数据挖掘技术几乎可用于所有商业应用，解决各种商业问题。事实上，当今并不缺少可用的软件，只要有使用数据挖掘的动机并掌握了实际技术，就可以采用数据挖掘技术。一般而言，对于有可能知道而并不知道的任何事情，都可以运用数据挖掘技术。

（一）推荐信息的生成

应该为客户提供哪种产品或服务？给出推荐信息对零售商和服务提供商而言是一项挑战。及时得到合理建议的客户很可能更有价值（因为他们会购买更多的产品或服务）且更忠诚（因为他们感到与销售商之间有更紧密的关系）。当用户去网络商城购买物品，网络商城会列出一些用户可能感兴趣的其他物品供用户选择。这些推荐信息就是使用数据挖掘技术分析此零售商的所有客户的购买行为，并将得到的规律应用于个人信息而得到的。

（二）异常检测

如何知道数据是正常的还是有问题的呢？应用数据挖掘技术可以分析数据，并挑选出那些不同于其余项的项。信用卡公司使用数据挖掘驱动的异常检测来确定某个特定的交易是否有效。如果数据挖掘系统指出交易异常，则公司会打电话给客户，请客户确认是不是本人在使用信用卡。保险公司也通过异常检测来确定索赔是否存在欺诈情形，因为保险公司每天要处理成千上万个索赔案例，所以不可能深入调查每一个案例，而数据挖掘技术能够帮助他们识别哪些索赔很可能具有欺诈性。异常检测甚至可以用于确认数据输入的有效性——检查确定输入的数据是否正确。

（三）客户流失分析

哪些客户最有可能变成竞争对手的客户呢？电信、银行和保险业如今正面临着激烈的竞争。每个企业都想尽可能多地留住客户。客户流失分析能够帮助市场部经理了解哪些客户可能会流失，以及造成这部分客户流失的原因是什么，此外，还能够帮助改善企业与客户之间的关系，最终留住客户。

风险管理给某客户的一项贷款应该批准吗？因为次级抵押贷款有较大风险，所以这在银行业中是很常见的问题。数据挖掘技术能确定贷款申请的风险等级，帮助提供贷款的一方就每个贷款申请的成本和有效性做出正确的决策。

（四）客户细分

你对客户有什么想法？你的客户是不确定群体吗？你能够获得更多的客户信息并与他们进行更为亲密和恰当的讨论吗？客户细分能确定客户的行为性和描述性概况，并据此提供适合于每组客户的个性化市场计划和市场策略。

（五）广告定位

零售商和门户站点希望为其客户提供个性化的广告内容。这些站点根据客户的导航模式或者在线购买模式，结合数据挖掘解决方案在客户的 Web 浏览器中显示个性化广告。

（六）预测

商店下星期能卖多少箱啤酒？一个月的啤酒库存应该是多少？数据挖掘预测技术能够回答这种与时间相关的问题，预测未来一段时间内的数值或趋势。它广泛应用于金融、交通、气象、电力等领域，为决策者提供重要的参考依据。数据挖掘预测技术可以帮助我们发现隐藏在数据中的规律和趋势，为未来的决策提供支持。

第四节　数据挖掘的高级分析方法

了解基于数据挖掘和机器学习理论的高级分析方法，将有助于研究分析需求，以及基于业务目标、初始假设、数据结构与数量来选择恰当的技术。

模型规划是基于问题确定合适的分析方法，它依赖于数据的类型和可用的计算资源。表 4-1 中列出了典型业务问题与技术类型。

表4-1　典型业务问题与技术类型

典型业务问题（需解决的问题）	技术类型	涉及的算法
根据相似度将项目分组，找到数据中的结构（共性）	聚类	K-means（K-均值聚类）
发现行为或项目之间的关系	关联规则	先验、FP-growth（频繁模式增长）
确定结果与输入变量之间的关系	回归	线性回归、逻辑斯谛回归
给对象指定（已知的）标签	分类	朴素贝叶斯、决策树、随机森林

由表 4-1 可知，这些技术类型所能解决的问题的种类有相似的部分。例如，如何将这些文档分组？这封电子邮件是垃圾邮件吗？这是正面的产品评价吗？这些问题都可以通过“分类”来解答，但是这些问题也能够作为聚类分析问题来考虑。同样地，有多种方法可以解决同一个

问题。表 4-1 中还列举了解决问题所涉及的算法。

一种被广泛接受的“数据挖掘”定义是“发现数据的模型”，而建模的过程不是一成不变的，通常有统计建模、机器学习、计算方法建模、概要和特征提取等几种方法。其中，统计建模是指以统计学的观点来看待数据挖掘。数据挖掘是“统计模型的构建”，比如数据的分布符合高斯分布。就机器学习的观点看来，一些数据挖掘适当地采用了机器学习中的算法。机器学习的实践者将数据当作训练集来训练某类算法，比如贝叶斯网络、支持向量机、决策树或隐马尔科夫模型等。近年来，计算机科学家将数据挖掘看成是算法问题，这样一来，数据的模型就转变为关于数据的复杂查询的回应。

对于概要的方法，其中一种有趣的形式就是 PageRank（网页排名算法），而且它有效地描述了页面的重要性。另外，聚类也是一种重要的概要方法。典型的基于特征的模型是寻找一个现象中的极端例子，并用这些例子来展示数据。在大规模数据中做特征提取的重要方法包括频繁项集和相似项。

一、分类

分类是常见的数据挖掘任务之一，如客户流失分析、风险管理和广告定位之类的商业问题通常会涉及分类。

分类是指把每个事例分成多个类别的行为。每个事例包含一组属性，其中一个属性是类别（Class）属性。分类任务要求找到一个模型，该模型将类别属性定义为输入属性的函数。

分类模型使用事例的其他属性（输入属性）来确定类别的模式（输出属性）。有目标的数据挖掘算法称为有监督的算法。典型的分类算法有决策树算法、神经网络算法和贝叶斯算法。

二、聚类分析

聚类分析也称为细分，是基于一组属性对事例进行分组，用来在数据集中找到相似群组的一种常用方法，其中“相似”的定义视具体问题而定。此外，还需要提及“无监督”的概念，它是指在没有分类标签的数据中寻找内在的关联。K-means 及关联规则挖掘都属于无监督学习，即没有“预测”过程。

聚类分析中，所有的输入属性都平等对待。大多数聚类算法通过多次迭代来构建模型，当模型收敛时算法停止，也就是说，当细分的边界变得稳定时算法停止。

K-means 是聚类分析的经典算法之一，主要作为一种探索式的技术，用来发现之前没有被注意到的数据结构。尽管在聚类中记录的类别不是已知的，但是聚类可以用来探索数据的结构，总结类群的属性特征。当维度较低时，可以可视化类群，但随着维度的增加，可视化类群变得越来越困难。K-means 有很多应用，包括模式识别、人工智能、图像处理和机器视觉（Machine Vision）等。

利用 MapReduce 计算模型可以把 K-means 应用到大数据中进行数据挖掘。基于 MapReduce 实现的 K-means 算法非常简单，每执行一次 MapReduce 作业便重新迭代计算中心点，直到中心点不再改变。

三、关联规则

关联规则是另一种无监督学习方法，同样没有“预测”过程，主要用于发现数据之间的联系。关联也称为购物篮分析。典型的关联商业问题是分析销售事务表，并识别经常在同一购物篮中出现的商品。关联通常用于确定常见的物品集和规则集，以达到交叉销售的目的。

就关联而言，每一条信息都可以认为是一个物品。关联任务有两个目标，即找出经常一起出现的那些物品，并从中确定关联规则。

关联规则挖掘的目标是寻找数据之间“有价值”的关联规则。关联规则是否“有价值”主要取决于用来挖掘的算法。关联规则的表达形式是，当点击或购买产品 X 时，也倾向于点击或购买产品 Y。在这个过程中，有两个关键阈值用来评估关联规则的重要度，即支持度和置信度。

四、回归分析

回归分析方法被广泛地用于解释市场占有率、销售额、品牌偏好以及市场营销效果。把两个或两个以上定距或定比例的数量关系用函数形式表示出来，就是回归分析要解决的问题。

回归（Regression）关注的是输入变量和结果之间的关系。“回归”这一术语最早是由弗朗西斯·高尔顿于 19 世纪提出来的，是用来描述生物现象的。这种现象是拥有较高身高的祖先其后代的身高往往回归到平均水平。具体来说，回归分析有助于了解目标变量是如何随着属性变量的变化而变化的。例如，使用回归分析可以预测客户的生命周期价值，并了解是什么因素在其中发挥作用，是什么使得价值更高或更低；使用回归分析可以预测某笔贷款是否会被拖欠。

回归分析的结果可以是连续的，也可以是离散的；如果是离散的，还可以预测各个离散值产生的概率。

回归分析使用的最流行的技术是线性回归和逻辑回归。

（一）线性回归

线性回归是回归分析中的一种，也是统计学中的一种常用方法，其主导思想是利用预定的权值通过对属性进行线性组合来表示类别。前面介绍的关联规则分析适用于处理离散型数据，如电子商务交易记录等，但不适用于处理数值型的连续数据，而线性回归正适合于处理数值型的连续数据。

线性回归是适用于处理数值型连续数据预测的一种出色、简单的方法，在统计应用领域得到了广泛应用。线性回归也存在缺陷，如果数据呈现非线性关系，线性回归将只能到一条“最适合”（最小均方差）的直线。线性模型也是学习其他更为复杂模型的基础。

（二）逻辑回归

逻辑回归是用来预估一个事件发生的概率的模型。典型的例子是，通过对贷款人的信用分数、收入和贷款规模等因素建模，计算出贷款人偿还贷款的概率。逻辑回归也可以看成是一个分类器，以概率最高的类别来预测。在逻辑回归中，输入变量既可以是连续的，也可以是离散的。

逻辑回归是处理一些二元分类问题时的首选方法，如真/假、批准/拒绝、有回应/无回应、购买/不购买，等等。如果不仅对预测类问题感兴趣，对某一类事件发生的概率也感兴趣，采用逻辑回归方法是特别适合的。

（三）朴素贝叶斯

分类问题中的主要任务是预测目标所属的类别。与聚类不同的是，这里的类别的种类是事先定义好的。

朴素贝叶斯分类器（Naive Bayes Classifier）是一个简单的、基于贝叶斯理论的概率分类器。朴素贝叶斯分类器假设属性之间是相互独立的。或者说，朴素贝叶斯分类器假设某个类的特征的出现与其他特征无关。虽然这种假设在实际应用中往往是不成立的，但朴素贝叶斯分类器依然有着坚实的数学基础和稳定的分类效率。

例如，一个物体可以依据其形状、大小和颜色等属性被分成某个类别（网球是圆的，直径6厘米，黄绿色）。即使这些属性之间存在依赖关系，朴素贝叶斯分类器也会认为所有属性之间均是无关的。

根据概率模型的特征，朴素贝叶斯分类器可以在有监督的环境下有效地进行训练。

贝叶斯理论被广泛应用到文本分类中，可以回答如下问题。

（1）这封电子邮件是垃圾邮件吗？

（2）这名政客属于民主党派还是共和党派？

（3）网页内容的主题分类有哪些？

（4）其他。

在朴素贝叶斯模型中，输入变量通常是离散型的，也有一些算法的变种可用来处理连续型变量。算法的输出是概率的打分，通常是0～1，可以根据概率最高的类来做预测。

贝叶斯定理用来描述两个条件概率之间的关系，是朴素贝叶斯模型的基础。

（四）决策树

决策树是一种常见且灵活的数据挖掘应用的开发方法。

分类树用于将要预测的数据划分到同质的组中（分配类标签），通常应用于二分或多类别的分类。

回归树是回归的变种，每个节点返回的是目标变量的平均值。回归树通常应用于连续型数据的分类，如账户支出或个人收入。

决策树的输入值可以是连续的，也可以是离散的，其输出是一个用来描述决策流程的树状模型。

决策树的叶子节点返回的是类标签或者类标签的概率分数。理论上，决策树可以被转换成类似上文的关联规则。

决策树的应用很广泛，可以应用到不同的情境中。决策树的分类规则很直接，分类结果也容易可视化呈现。另外，因为决策树的决策结果是由树的根节点到叶子节点的路径上的一系列判断来决定的，所以决策树的模型中没有隐含的假设，如依赖变量和目标变量之间的线性或非线性关系。

（五）随机森林

在分布式环境中，通常节点要独立地进行计算，且分布式环境中最稀缺的资源是网络。在这种情况下，训练一个决策树是比较困难的，一种比较好的方法是利用集成学习（Ensemble Learning）进行决策树训练。可以在分布式环境中独立训练多个决策树，利用多个决策树进行分类，最后把结果聚集起来。利用多个决策树进行分类的方法称为“随机森林”。随机森林是由布雷曼（Leo Breiman）于 2001 年提出来的，是一个包含多个决策树的分类器，其输出类别根据决策树输出的类别的众数确定。随机森林采用从数据中随机抽样的方法来构建多个不同的决策树。

五、预测

预测也是一种重要的数据挖掘任务。明天微软的股票价格将会是多少？下个月葡萄酒的销售量将会是多少？预测可以帮助解决这类问题。预测技术采用数列作为输入，表示一系列时间值，然后运用各种能处理数据周期性分析、趋势分析及噪声分析的计算机学习和统计技术来估算这些序列未来的值。

六、序列分析

序列分析用来发现一系列事件中的模式，这一系列事件就称为序列。例如，脱氧核糖核酸（DNA）序列是由 A、G、C、T 四种不同碱基组成的长序列，Web 点击序列包含一系列 URL 地址，等等。在某些情况下，客户购买商品的次序也可以建模为序列数据。例如，某客户首先买了一台计算机，然后买了一个音箱，最后买了一个网络摄像头。序列数据和时间序列数据的相似之处在于它们都包含连续的观察值，这些观察值是有次序的。两者的区别是时间序列包含数值型数据，而序列包含离散的状态。

七、偏差分析

偏差分析是为了找出一些特殊的事例，这些事例的行为与其他事例有明显的不同。偏差分析的应用范围很广，最常见的应用是信用卡欺诈行为检测，但是从数百万个事务中鉴别出异常情况是非常困难的。偏差分析的其他应用包括网络入侵检测、劣质产品分析等。目前还没有标准的偏差分析技术。一般情况下，分析员利用决策树算法、聚类算法或者神经网络算法来解决这类问题。

第五节　数据挖掘项目的生命周期

从最初商业问题形成到具体的部署和维护管理，大多数数据挖掘项目都要经历相同的阶段。

一、商业问题的形成

用户试图解决什么问题？将采用什么技术解决此问题？如何知道能否获得成功？这些都是项目开始之前需要解决的重要问题。

要解决上述问题，可能一个简单的联机事务处理（OLAP）、报表或数据集成解决方案就足够了。预测或数据挖掘解决方案需要确定一些未知的内容，前提是弄清楚这些未知内容有一定的实用价值。如此解决无论任何商业问题，其结果均难以预料。幸运的是，成功的数据挖掘解决方案平均可获得 150%的投资回报，从而使论证工作变得简单。

二、数据收集

商业数据往往存储在企业的许多系统中。例如，在微软有好几百个 OLTP 数据库和 70 多个数据仓库。第一步是把相关数据放到一个数据库或者数据集市中，并将数据分析应用于数据库或数据集市。如果想要分析 Web 点击流，第一步就是从 Web 服务器中下载日志数据。

有时候很幸运，与所要分析的主题相关联的数据仓库已经存在；然而，在很多情况下数据仓库中的数据不够丰富，所以还需要补充一些额外的数据。例如，Web 服务器的日志数据只包含关于 Web 行为的数据，如果需要关于客户的数据，可能需要从其他公司系统收集客户信息，或者需要购买一些统计数据，以构建能够满足业务需要的模型。

三、数据清理和转换

数据清理和转换在数据挖掘项目中是最耗费资源的一步。数据清理的目的是去除数据集中的“噪声”和不相关信息。数据转换的目的则是修改源数据，使它可用于数据挖掘。

目前能应用于数据清理和转换的技术有以下几种。

（一）数值转换

对于连续数据，典型的转换方式是把这些数据划分（或离散化）成桶。例如，把年龄分成预定义的 5 个年龄段，如果有合理的分组法，则无论是从业务角度还是从算法角度，这种分组法都可能会提供更多的有用信息。除了划分技术之外，连续数据往往还需要规范化。所谓规范化通常是指把所有数值映射到一个范围（如 0～1）或有一个特定的标准偏差（如数值 1）。

（二）分组

离散数据除有实用价值以外，还常常具有更清晰的值。为了降低模型的复杂性，可以把这些值分组。例如，“职业”列可能有多种工程师类型，如软件工程师、电信工程师、机械工程师等。可以将这些职业分到一个组中，该组的值是“工程师”。

（三）聚集

聚集是一种重要的数据转换技术，可以从数据导出额外的值。假定要基于客户的电话使用情况对其进行分组。如果客户的通话记录信息对于模型来说过于详细，则需要对所有呼叫进行聚集，生成一些派生属性，如客户的呼叫总数和平均通话时间。然后，在模型中使用这些派生属性。

（四）缺失值处理

大多数数据集都包含缺失值（missing value）。引起数据缺失的原因有很多。例如，可能有两个客户表，这两个客户表来自两个不同的OLTP 数据库，因为表的定义不可能完全一致，所以合并这两个表会导致数据缺失。又如，当客户不提供如年龄等数据值时，也会发生数据缺失的情况。当周末或假期股市不开放时，股市值就会空置，这也是造成数据缺失的一个实例。解决缺失值问题是一件很重要的事，因为它体现在解决方案的业务价值中。也许需要保留缺失值（例如，拒绝提供年龄的客户也许有其他感兴趣的东西），也许需要删除整个记录（因为有太多未知因素，可能会污染模型），也许只能用其他值（例如，用时序数据对应的以前的值，如股市值，或者用最普遍的值）来代替缺失值。对于要求更高的事例，可以通过数据挖掘为每一个缺失事例预测最有可能的值。

（五）删除孤立点

孤立点是异常数据，可能是真实的，但通常是错误的。异常数据会影响数据处理结果的质量。一般而言，处理孤立点的最好方法是在开始分析数据之前就删除它们。例如，删除 0.5%的客户，这些客户是收入最高的或收入最低的，从而不会出现客户收入为负或收入极端的情况。

四、模型构建

模型构建是数据挖掘的核心，但是它不具备数据转换的时间密集和资源密集优势。在掌握商业问题的状况和数据挖掘任务的类型后，选择合适的算法就相对容易。大多数情况下，在构建模型之前我们都不知道哪种算法是最适合的。算法的精确度取决于数据的性质。例如，对于分类，决策树算法通常是比较好的选择。如果属性之间关系比较复杂，则选择神经网络算法可能更好一些。

正确的方法是使用不同的算法构建多个模型，然后使用一些工具来比较这些模型的精确度。即使使用的是同一算法，也可以调整参数设置来优化模型的精确度。

五、模型评估

在模型评估阶段，不仅要利用工具来评估所构建模型的精确度，还要对模型进行分析，以确定所发现模式的意义以及如何将它们应用于业务中。

有时，模型不包括有用的模式，主要是因为模型中的一组变量并不是解决业务问题所需要的最适合的变量。可能需要反复执行数据清理和转换步骤，甚至需要重新定义问题，才能派生出更有意义的变量。数据挖掘是一个循环的过程，通常要经过多次循环才能找到适合的模型。

六、报告和预测

在许多组织中，数据挖掘师的工作内容就是向销售经理提供数据挖掘报告。利用数据库软件工具可以直接根据数据挖掘结果生成报告。该报告可以包含预测结果（如潜在价值最高的客户列表），也可以包含分析所发现的规则。要进行预测，必须有一个模型和一组新的实例。比如在银行实例中可能构建了一个关于贷款风险预测的模型，由于每天有成千上万笔新的贷款业务，可以利用风险预测模型来预测每一笔贷款业务潜在的风险。

七、应用集成

将数据挖掘功能直接嵌入商业应用程序中可以实现闭环分析。例如，CRM 应用程序可能有数据挖掘的功能，该功能可以用来对客户进行细分，或者允许选择对客户有利的引导。ERP 应用程序可能有进行产品预测和耗尽储备品的数据挖掘功能。制造业应用程序可以预测次品率，并确定次品产生的原因。网上商店可以根据客户的爱好实时地向客户推荐商品。将数据挖掘集成到应用程序中，可以创建能持续更新的应用程序，以及为每个用户或使用场景定制的应用程序。

八、模型管理

有时，数据挖掘所发现的模式相对比较稳定，但是在大多数情况下，模式变化非常频繁。例如，网上商店几乎每天都会上架新的商品，这意味着关于商品的新规则几乎每天都要改变。数据挖掘模型的持续时间是有限的，当数据挖掘模型不再有效时，必须用新数据重新训练挖掘模型，最终实现根据业务需要自动更新模型。

与所有数据一样，数据挖掘模型也存在安全问题。通过数据挖掘所发现的模式是敏感数据的汇总，可包含最重要的商业真相。在 IT 部门，应该将数据挖掘模型视为最重要的数据，而数据库管理员可以根据需要分配和收回用户访问权限。

5

第五章

大数据存储与管理

第一节　大数据存储

数据存储是一种信息保留方式，它采用专门开发的技术来保存相应数据，并确保用户在需要时能对其进行访问。数据以某种格式被记录在计算机内部或外部存储介质上。数据存储对象包括数据流在加工过程中产生的临时文件或加工过程中需要查找的信息。利用分布式文件系统、数据仓库、关系型数据库、云数据库、NoSQL 数据库等可以实现对结构化和半结构化海量数据的存储。

数据存储管理和备份技术源于 20 世纪 70 年代的主机计算模式，由于主机数据集中，海量存储设备——磁带库是当时必备的设备。20 世纪 80 年代以后，个人计算机迅速发展，到了 20 世纪 90 年代，客户机/服务器模式得到了普及，数据集中在网络上的文件服务器和数据库服务器里，个人的客户机数据积累也达到了一定的规模，数据的分散造成了数据存储管理的复杂化。传统的关系型数据库自 20 世纪 70 年代诞生以来就一直是数据库领域的主流产品类型，它可以较好地支持结构化数据存储和管理。传统的关系型数据库以完善的关系代数理论为基础，有严格的标准，支持事务 ACID 四个特征，即原子性（Atomicity）、一致性（Consistency）、隔离性（Isolation）与持久性（Durability），借助索引机制实现高效的数据查询。

互联网的普及使得存储技术发生了革命性的变化，传统的关系型数据库难以应对 Web 2.0 及大数据时代带来的挑战。传统数据库的问题主要表现在三个方面：第一，无法满足海量数据的管理需求；第二，无法满足数据高并发的需求；第三，无法满足高可扩展性和高可用性的需求。在大数据时代，数据类型繁多，包括结构化数据和各种非结构化数据，其中，非结构化数据的占比更是高达 90%以上。关系型数据库由于数据模型不灵活、水平扩展能力较差等局限性，已经无法满足各种类型的非结构化数据的大规模存储需求。

研究机构 IDC 预言，大数据将按照每年 60%的速度增加，包括结构化数据和非结构化数据。如何方便、快捷、低成本地存储这些海量数据，是许多企业和机构面临的严峻挑战。云数据库就是一个非常好的解决方案，云计算的发展推动了云数据库的兴起，云服务提供商通过云技术推出多种可在公有云中托管数据库的方法，将用户从烦琐的数据库硬件定制中解放出来，同时使用户拥有强大的数据库扩展能力，满足了海量数据的存储需求。此外，云数据库还能够很好地满足动态变化的数据存储需求以及中小企业低成本进行数据存储的需求。整体来说，云数据库具有高可扩展性、高可用性和支持资源有效分发等特点。

2015 年，各大公司开始关注用户体验、物流效率等问题，数据存储进入数据仓库阶段。这个阶段主要按照数据模型对整个企业的数据进行采集和整理，提供跨部门的完整、一致的业务报表数据，并生成对业务决策更具指导性的、全面的数据。

数据仓库（Data Warehouse，DW/DWH），是数据库的一种概念上的升级，其主要功能是对组织通过资讯系统的 OLTP 处理的大量的、长期累积的资料，通过数据仓库理论所特有的资料储存架构进行系统性的分析整理，使用户能利用各种分析方法，快速有效地从大数据中分析出有价值的信息，以利于拟定决策以及快速回应外部环境变动，帮助建构商业智能。

一、传统数据存储方式

传统数据存储方式有直接附加存储、网络附加存储、存储区域网络三种方式。

（一）直接附加存储

直接附加存储（Direct Attached Storage，DAS）是直接连接到访问它的计算机的数据存储方式。DAS 的典型案例包括硬盘驱动器、固态驱动器、光盘驱动器和外部驱动器上的存储。

DAS 和 NAS（网络附加存储）之间的主要区别在于，DAS 存储只能从与 DAS 连接的主机直接访问，它不包含任何网络硬件相关的操作环境，它提供给连接主机的存储只可以由该主机共享。与 NAS 相比，SAN（存储区域网络）与 DAS 有更多的共同之处。SAN 与 DAS 的主要区别在于：对于 DAS，在存储和主机之间是 1∶1 的关系，而 SAN 是多对多的关系。

DAS 已经存在了很长时间。虽然在一些部门中新的 SAN 设备已经开始取代 DAS，但由于 DAS 在磁盘系统和服务器之间具有很高的传输速率，在要求快速访问的场景中，DAS 仍然是一种理想的选择。

（二）网络附加存储

网络附加存储（Network Attached Storage，NAS），按字面意思简单来说就是连接在网络上的具备资料存储功能的装置，因此也称为"网络存储器"。它是一种专用数据存储服务器。NAS 系统是联网设备，包含一个或多个存储驱动器，通常安排在逻辑冗余存储容器或磁盘阵列（RAID）中，对数据提供磁盘阵列各级别的保护。NAS 免除了网络中其他服务器的提供文件服务的责任，它们通常使用网络文件共享协议，如

NFS、SMB（网络协议名）等，提供文件访问服务。20 世纪 90 年代中期，NAS 支持下的多台设备间的数据传输方式开始流行。

采用 NAS 进行存储，可以实现对多个主机的同时读写。在复杂的网络环境下，NAS 易于部署的优势被放大。优秀的共享性能和扩展能力使得 NAS 至今还有一定的应用。然而，读写文件造成的网络开销使得 NAS 不能成为普遍应用的存储方式。目前，NAS 一般被应用于小型视频监控系统等数据共享存储中。

（三）存储区域网络

存储区域网络（Storage Area Network，SAN）是一个用于数据存储的专用网络。除了存储数据之外，SAN 还允许自动备份数据，并监视存储和备份过程。SAN 不直接提供文件级别的访问，只提供文件的块级操作。构建在 SAN 之上的文件系统提供了文件级访问，被称为“共享磁盘文件系统”。

SAN 是一种面向网络、以数据存储为中心的存储架构，网络中的客户端可以连接到存储不同类型数据的多个服务器上。为了解决 DAS 的单点故障问题，SAN 实现了一种直接连接的共享存储体系结构，其中多个服务器可以访问同一个存储设备。存储区域网络采用网状通道技术，是通过交换机等连接设备将磁盘阵列与相关服务器连接起来的高速专用子网。SAN 也可以对数据提供磁盘阵列各级别的保护。

SAN 是一种计算机网络，提供对整合的块级数据存储的访问服务。SAN 增强了存储设备（如磁盘阵列和磁带库）对服务器的可访问性，以便操作系统将这些设备视为本地连接的设备。SAN 通常是由其他设备无法通过局域网（LAN）访问的存储设备组成的专用网络，可以防止 LAN 通信对数据传输产生干扰。

二、传统数据存储面临的挑战

（一）扩容方式

大数据时代存在的第一个问题就是“大容量”，这里所说的“大容量”通常可达到 PB 级的数据规模，因此海量数据存储系统必须要有相应等级的扩展能力。与此同时，存储系统的扩展一定要简便，常见的扩容方式就是直接增加磁盘柜或者模块，以达到扩容的目的。这种扩容的方式被称为“纵向扩容”，在 SAN 或者 NAS 存储中很容易实现。

然而，大数据的扩容不能像以往一样采用纵向扩容的方式。通过简单地增加硬件进行扩容所带来的运维成本是普通企业无法承担的，因此需要考虑采用横向扩容方式。横向扩容是指按需动态分配空间，在存储需求较大的时候使用低价的日常机器进行存储。横向扩容的难点在于数据管理。如果采用主从结构，单节点的故障会导致整个存储设备瘫痪；而如果采用分布式结构，数据管理软件的开发将是个巨大的难题。

（二）存储模式

大数据应用有很高的实时性需求。举例而言，2018 年“双十一”零点附近，阿里数据库的访问流量从每秒几千次瞬时上升到每秒 7000 万次。庞大的流量对数据库的硬件和软件都是一种考验，传统的关系型数据库 MySQL 或者 Postgres(PostgreSQL 数据库服务器,PostgreSQL 是一种特性齐全的自由软件的对象-关系型数据库管理系统）完全不能满足需求，因此需要全新的存储模式来应对这些考验。如果使用 SAN 或者 NAS 这样的网络存储模式，访问的规模永远无法超越带宽。当前大数据更多地采用 DAS 框架，但是 DAS 的跨节点访问和存储对存储软件提出了更高的要求。

（三）数据安全

大数据在金融、医疗及政府情报等特殊行业的应用都有自己的安全标准和保密需求。同时，大数据分析往往需要多源数据的融合和参考，而过去并没有这样的数据混合访问的情况，大数据的应用催生了新的安全性问题。软件系统的开发与管理者必须对数据安全问题设置一定的标准规范。

三、大数据存储方式的特征

对于能够正确控制的数据库，其特征可以简单概括为“ACID”四大特性。ACID 是指数据库管理系统（DBMS）在写入或更新资料的过程中为保证事务正确可靠所必须具备的四个特性，即原子性（Atomicity）、一致性（Consistency）、隔离性（Isolation）和持久性（Durability）。如果某一数据库系统在遍布世界的计算机上运行，那么当其中一台计算机出现故障时，服务器就需要在让系统暂时不可用和允许用户继续访问另一台计算机数据之间进行权衡。假如该系统是电子商务网站的后台，每分钟都有大量的订单需要完成，那么选择让系统暂时不可用无疑会造成巨大的损失，因此需要另一种数据事务方法论帮助电子商务网站进行选择和权衡。

大数据存储方式则具有与 ACID 四性完全不同的特征——“BASE”。BASE 是“Basically Available（基本可用）、Soft State（软状态）、Eventually Consistency（最终一致性）”的简写。BASE 是对一致性和可用性权衡的结果，其来源于大规模互联网系统分布式实践的结论。BASE 的核心思想是即使无法做到强一致性（Strong Consistency），但每个应用都可以根据自身的业务特点，采用适当的方式来使系统达到最终一致性（Eventually Consistency）。

基本可用（BA）是指分布式系统在出现不可预知故障的时候，允许损失部分可用性。软状态（S）也称“弱状态”，和硬状态相对，是指允许系统中的数据存在中间状态，并认为该中间状态的存在不会影响系统的整体可用性。最终一致性（E）是系统中所有的数据副本，在经过一段时间的同步后，最终能够达到一个一致的状态。因此，最终一致性的本质是需要系统保证最终数据能够达到一致，而不需要实时保证系统数据的强一致性。

与 ACID 不同，BASE 关注系统的可用性，希望系统能够持续提供服务，允许数据在短时间内有不一致的地方，同时假设所有系统到最后都会变得一致。

四、数据存储框架

数据存储主要采用目前已有的分布式文件系统和 NoSQL 两类大数据存储技术。分布式文件系统用于存储半结构化和非结构化的数据，而 NoSQL 主要用于存储非结构化数据。

分布式文件系统将文件系统分配到不同节点，各个节点可以分布在不同的地点，所有节点组成一个文件系统网络，通过网络进行节点间的通信和数据传输，从而有效地解决数据的存储和管理问题。用户在使用分布式文件系统时，无须关心数据存储在哪个节点上或从哪个节点处获取，只需像使用本地文件系统一样管理和存储文件系统中的数据即可。

常见的分布式文件系统包括 GFS、HDFS、Lustre、Ceph、GridFS、MogileFS、TFS、FastDFS 等。

NoSQL 用于替代传统的关系型数据库。NoSQL 是“Not only SQL”的缩写，NoSQL 并不排斥 SQL 技术。以传统的关系型模型为基础，NoSQL

数据库弱化了一致性要求，从而获得了水平扩展能力。SQL 技术获得广泛应用的原因之一就是其 SQL 查询语句更加简单易用，NoSQL 继承了其语法，并将其水平扩展到更多类型的数据库，包括文档数据库、图数据库和键值数据库。由于具有模式自由、易于复制、提供简单 API、最终一致性和支持海量数据的特性，NoSQL 数据库能适应大数据带来的多样性和大规模的需求，从而逐渐成为处理大数据的标准。

由于数据源的多样异构特性，应用中常常采用混合存储策略及多平台集成技术。关系型数据库用于存储结构化数据；MongoDB（基于分布式文件存储的数据库）用于存储商品评论、社交媒体等文本数据；Neo4j（高性能的 NoSQL 图形数据库）用于分布式存储大规模用户关系数据；扩展的分布式数据库用于用户移动轨迹数据存储，并在各存储模块上分别部署相应的检索系统，从而进一步提供批量查询翻译器。

大数据时代需要新的存储技术来满足更大的数据存储需求，数据仓库即为新兴存储技术的重中之重。数据仓库是“面向主题的、集成的、随时间变化的、相对稳定的、支持决策过程的数据集合”，具有数据采集、存储与管理功能，可以对结构化数据、非结构化数据和实时数据进行管理。在传统的数据仓库管理系统中，关系型数据库是主流的数据库解决方案，而在当前大数据应用背景下，分布式文件的数据存储管理受到广泛的关注，它基于廉价存储服务器集群设备能够满足新兴存储技术的容错性、可扩展性、高并发性等需求。

第二节　分布式文件系统

大数据是新型生产要素和重要的基础性战略资源,其中蕴藏着巨大的社会价值,经过深入挖掘并加以应用,能够有力推动经济转型发展,重塑国家竞争优势,提升国家治理现代化水平。因此，在大数据时代必须解决海量数据的高效存储问题。对此，谷歌开发了分布式文件系统 GFS，通过网络实现文件在多台机器上的分布式存储，较好地满足了大规模数据存储的需求。HDFS 是针对 GFS 的开源实现，是 Hadoop 的两大核心组成部分之一，为分布式存储提供了一种架构。HDFS 的特点在于其拥有良好的容错能力，并且兼容廉价的硬件设备，因此可以以较低的成本利用现有机器实现大流量和大数据量的读写。

本节重点介绍分布式文件系统的概念、结构和设计需求以及 HDFS 的重要概念、体系结构、存储原理和读写过程。

一、文件系统介绍

文件系统是操作系统用于明确存储设备（比较常见的是磁盘，也有基于 NAND Flash 存储器的固态硬盘)或分区上的文件方法和数据结构，即在存储设备上管理文件的机构。操作系统中负责管理和存储文件信息的软件机构称为“文件管理系统”，简称“文件系统”。

常见的文件系统，如手机等移动设备的文件系统，由三部分组成，即文件系统的接口、对对象进行操纵和管理的软件集合、对象及属性。文件系统通常负责存储设备的分配，并对其中的文件进行保护和检索。其主要功能包括创建、存入、读出、修改、转储和删除文件。

随着互联网的普及与发展，数据信息进入爆炸式增长时期，海量数据给信息存储与处理带来了更大的挑战。传统的文件系统存储方式无法满足数据处理需求，分布式文件系统应运而生并飞速发展，其中 HDFS 就是一个具有代表性的例子。

文件系统在最初设计时仅为局域网内的本地数据服务，而分布式文件系统将服务范围扩展到整个网络，不但改变了数据的存储和管理方式，而且具备本地文件系统所没有的数据备份、数据安全等方面的优点。

分布式文件系统的设计思路十分简单：当数据存储量超过单个磁盘大小时，可以对数据文件进行分割并将其存储在多个计算机或者硬盘中，再对这些计算机进行组网管理，构成一个完整的系统。这不仅解决了在单台计算机上存储大量数据技术难度大且成本高的问题，还可以将计算机进行网络组合，从而大大提高了计算能力。

分布式文件系统具有以下优点。

（1）可以有效解决数据的存储和管理难题。

（2）将原本固定在某个地点的文件系统拓展到多个地点。

（3）将分布在不同地点的文件节点通过网络整合为统一的文件系统网络。

（4）用户在使用分布式文件系统时，无须关心数据存储在哪个节点上或者是从哪个节点获取的，只需要像使用本地文件系统那样管理和存储文件系统中的数据即可。

（5）把文件数据切成数据块，将数据块存储在数据服务器上，多台数据服务器存储相同的文件，实现冗余及负载均衡。

二、HDFS

HDFS（Hadoop Distributed File System）是一个能够面向大规模数据使用的、可进行扩展的文件存储与传输系统。HDFS 能够满足大文件处理和流式数据访问等需求，可以进行文件存储与传输，并且允许文件通过网络在多台主机上进行共享。

HDFS 的主要特点有以下几个：①能够处理超大文件；②进行流式数据访问，即数据批量读取；③能检测和快速应对硬件故障；④具有简单一致的模型，为降低系统复杂度，对文件采用一次性写、多次读的逻辑设计，即文件一旦写入、关闭就再也不能修改；⑤程序采用数据就近原则分配节点并执行；⑥具有高容错性，即数据自动保存多个副本，副本丢失后自动恢复。

（一）HDFS 系统架构

1. 数据文件存储

用户都是以文件形式存储数据的，当需要存储或处理的数据量过大时，单个文件无法存储到一台计算机中，此时可以考虑将文件进行固定大小切割，并将切割产生的多个文件块存储在多台计算机中。使用这种方法可以有效提高数据存储量，突破单个硬盘的物理存储上限，但随之产生了分布式文件系统的数据安全问题。HDFS 利用冗余备份方法有效解决了这一难题：在存储文件时，先对文件进行块切割，将产生的文件块进行复制以得到多个备份文件块，将同一文件的备份块放置在 HDFS 的不同节点或者机架存储中。当其中一个文件块发生故障时，HDFS 可以迅速使用备份文件进行替换或查询操作。这种存储方式有效解决了分布式文件的数据节点损坏问题。虽然 HDFS 的设计架构使得整个网络集群规模特别大，在运行服务时总有数据节点出现故障，但是 HDFS 可以立刻修复故障节点，因此 HDFS 对组成集群的计算机硬件设备的要求并不高，这使得它可以在常见的廉价计算机设备上运行。

文件以“块”的形式存储在磁盘中，块的大小代表系统读写、可操作的最小文件大小，也就是说，文件系统每次只能操作其整数倍数量的数据。HDFS 的块是一个抽象概念，比操作系统中的块要大得多，配置时默认块大小为 128MB。HDFS 使用抽象块的优势在于，可以存储任意大小的文件而不受网络中单一节点磁盘大小的限制，同时可以简化存储的子系统。

HDFS 数据块存储空间很大主要是因为以下两点。

（1）最小化查找时间，控制定位文件与传输文件所用的时间比例。

假设定位到块所需的时间为 10ms，磁盘传输速度为 100MB/s。如果要将定位到块所用的时间占传输时间的比例控制在 1%，则块大小约为 100MB。如果块配置得过大，而在 MapReduce 任务中 Map 或 Reduce 任务的个数小于集群机器的数量，会使得作业运行效率变得很低。

（2）降低内存消耗。

如果块配置得比较小，就需要记录更多块的元数据信息，会占用更多内存；如果块配置得比较大，由于 MapReduce 中的任务一次只处理一个块中的数据，则会导致任务数较少，造成作业分配不均，从而影响作业的运行速度。

2. HDFS架构及组件

HDFS 采用主从架构进行管理，HDFS 集群是由 1 个 NameNode（名字节点），1 个 SecondaryNode（备用主节点）和多个 DataNode（数据节点）组成的，这些节点分别承担着主节点和 Worker（工作节点）的任务。

（1）NameNode。

NameNode 相当于 HDFS 的核心大脑，用于存储 HDFS 的元数据（数据的数据，包括文件目录、文件名、文件属性等）、管理文件系统的命名空间以及保存整个文件系统的空间命名镜像（File System Image，FSImage），也称“文件系统镜像”。具体而言，NameNode 负责保存系统的目录树和文件信息，并保存有空间命名镜像的编辑日志，它只记录元数据操作，而不记录数据块操作。当一个文件被分割成多个数据块时，这些数据块被放置在 DataNode 上，而 NameNode 负责执行操作，比如打开、关闭，以确定数据块到 DataNode 的映射。从 NameNode 中可以获得每个文件的各个块所在的 DataNode，但是这些信息不会永久存储，NameNode 会在每次系统启动时动态重建此类信息。

（2）SecondaryNode。

由于整个文件系统体量庞大，读写数据量较大，因而空间命名镜像会越来越大，频繁对其进行操作会使系统运行速度越来越慢，于是 HDFS 会将对 DataNode 的每次操作都记录在 NameNode 的空间命名镜像的编辑日志里，SecondaryNode 就负责定期合并空间命名镜像和编辑日志。SecondaryNode 通常运行在另一台机器上，因为合并操作需要耗费大量的 CPU 时间以及与 NameNode 相当的内存，其数据落后于 NameNode，因此当 NameNode 完全崩溃时会发生数据丢失。通常的解决方法是复制 NFS 中的备份元数据到 SecondaryNode，将其作为新的 NameNode。

从以上描述中我们可以看出，SecondaryNode 不能被用作 NameNode，只是在高可用性（High Availability）中运行一个实时的备份，在活动 NameNode 出故障时替代原有的 NameNode 成为新的活动 NameNode。

（3）DataNode。

DataNode 是 HDFS 主从架构的“从”角色、文件系统的工作节点、存储文件数据块的节点。它在 NameNode 的指示下进行 I/O 任务操作、存储和提取块。HDFS 工作时，DataNode 会周期性地向 NameNode 汇报自身存储的数据块信息，更新 NameNode 信息，接收 NameNode 的指令，完成对存储数据块的操作。

（二）HDFS 容错机制

上文中提到，对于一个规模庞大的 HDFS 集群，在运行时常有节点发生故障，但是 HDFS 仍旧可以正常提供服务，这得益于其有效的容错机制。

DataNode 和 NameNode 之间会有一种类似通信的机制，我们称其为“心跳机制”。当网络发生故障，导致 DataNode 发出的心跳信息无法被 NameNode 接收时，NameNode 会认为该节点发生故障，其存储数据无效，同时它从存储相应文件块的其他冗余备份中获取未损坏的文件块进行操作。因此，NameNode 会定期检测 HDFS 中的所有正常冗余备份数目是否小于设定值，一旦备份数目小于设定值，就会从其他备份中复制一定数量的新备份放入 DataNode 中存储，使所有节点的冗余备份数目达到设定值。

（三）HDFS 的可靠性和文件安全性

副本存放和数据分块存储是保障 HDFS 的可靠性和高性能的关键因素。HDFS 采用机架感知策略来增强数据的可靠性。读取数据时，HDFS 会尽量读取距离客户端程序最近的节点副本，以减小读取距离和带宽。

HDFS 采用两种方法来确保文件安全：一种是将 NameNode 中的元数据存储到远程 NFS 上，在多个文件系统中备份 NameNode 的元数据；另一种是在系统中同步运行一个 SecondaryNode，主要负责周期性合并日志中的命名空间镜像。

如上所述，HDFS 采用在多个文件系统中备份 NameNode 元数据和使用 SecondaryNode 以检查点的方式来防止数据丢失，但是这并没有提供高可用的文件系统，NameNode 仍存在发生故障的可能。若 NameNode

发生故障，所有的客户端将不能读写文件，因为 NameNode 是唯一存储元数据和文件到数据块映射的仓库，在这种情况下，Hadoop 将暂停服务直到有新的 NameNode 可用，此时，管理员需要使用文件系统元数据的副本和 DataNode 的配置信息启动一个新的 NameNode，并让客户端使用这个新的 NameNode。新的 NameNode 在命名空间的镜像文件被加载到内存重做编辑日志并获得来自 DataNode 的报告后，才能继续提供服务。

因此，在含有大量文件和块的大集群中启动一个新的 NameNode 耗时极长。为了解决这一问题，从 Hadoop 2.0 版本开始为用户提供 HDFS 的高可用性能，为此提供了一对 NameNode，其中一个作为活动节点，另一个作为备用节点，一旦活动节点出现故障，备用节点可以很快接管活动节点的工作，继续为客户端提供服务，其间不会出现明显的服务中断现象。

（四）HDFS 的高可用性

NameNode 之间通过高可用性（High Availability）的共享存储实现编辑日志的共享。当备用的 NameNode 启动后，会读取标记日志文件，保持与活动 NameNode 的状态同步，然后继续读取由活动 NameNode 写入编辑日志文件中的新的状态。DataNode 必须向两个 NameNode 发送块报告，因为块的映射存储在 DataNode 的内存中，而不是磁盘上。客户端必须配置 NameNode 故障切换机制，这一机制对用户来说是透明的。SecondaryNode 需要设置检查点，定期检查活动 NameNode 的命名空间。

对于高可用性的共享存储有两种选择：一种是使用 NFS 文件服务器，另一种则是使用仲裁日志管理器（Quorum Journal Manager，QJM）。HDFS 的实现使用的是 QJM，主要是为了提供高可用性的编辑日志。QJM

运行一组日志节点（Journal Nodes），每一个编辑操作都会被记录到多个日志节点中，通常是3个日志节点，所以系统可以容忍部分日志丢失。如果NameNode出现故障，而备用NameNode的内存中存储着最新的状态，那么备用的NameNode可以很快接管出现故障的NameNode的工作；但是在实际观察中，NameNode之间的切换所需时间会长些（通常为1分钟左右），因为系统需要确认NameNode是否已经失效。在活动NameNode出现故障的时候，备用的NameNode也可能出现故障，对于这种极端情况，管理员可以重新启动备用的NameNode来应对，但是这种情况出现的概率较小。

（五）HDFS的数据读写

对于文件系统，文件的读和写是基本的需求，这一部分我们来了解客户端是如何与HDFS进行交互的。

1. 读操作

客户端使用Java程序打开文件，用分布式文件系统调用DataNode，得到文件的数据块信息，NameNode返回保存的对应数据块的DataNode信息，并由分布式文件系统返回给客户端。客户端得到文件数据块节点信息，并通过stream（流）函数读取数据，分布式文件系统连接保存此文件第一个数据块的最近的DataNode，当客户端读取完成后关闭读取通道。如果在读取数据过程中存放数据块的DataNode出现故障，则该节点被记录为故障节点，NameNode对其进行处理，并尝试连接此存储数据块的下一个DataNode。

2. 写操作

客户端调用Java API（应用程序编程接口）创建文件，使用分布式文件系统调用NameNode后在命名空间创建一个新文件。NameNode确定客户端的权限后，创建响应文件并返回输出流（DFSOutputStream）

给客户端。客户端使用返回的输出流开始写数据，该输出流对写入的数据文件进行切分并将其写入数据队列，数据流读取数据队列中的数据，并通知 NameNode 分配 DataNode 存放文件及其副本。上述 DataNode 进入处理管线（pipeline），并由数据流逐渐将数据块发送给下一步 DataNode；输出流等待处理管线中的 DataNode 告知数据写入成功。

三、其他常见的分布式文件系统

其他常见的分布式文件系统还有 IPFS、GFS 等。

（一）IPFS

IPFS 即“星际文件系统”，是一个点对点的分布式存储网络。IPFS 通过底层协议可以让存储在系统中的文件在全世界任何地方实现快速获取，并且不受防火墙的影响。早期互联网信息的存储是集中式存储，即在 HTTP（超文本传输协议）之下，数据被集中存储在服务器上。这种简单的中心化存储方式将发布信息的成本降到了最低，但是随着互联网时代数据规模的快速增长，中心化存储方式显现出诸多难以解决的问题。例如，当用户从互联网上下载文件或者是浏览网页时，一次只能从一个数据中心获取所需资料，如果这个数据中心出现故障，就会出现文件丢失或者网页无法打开的问题。中心化存储的不足之处在于，数据中心一旦发生故障就会导致网络整体瘫痪，但 IPFS 不存在这个问题，因为它具备去中心化的特征。任何网络资源，包括文字、图片、声音、视频或者网站代码等文件，通过 IPFS 进行哈希运算后都会生成唯一的地址，通过这个地址就可以打开对应的文件，并且这个地址是可以分享的。由于加密算法的保护，该地址具备了不可篡改和不可删除的特性（除非密码被破解，但这种情况发生的概率极低）。数据存储在 IPFS 中就具备了永久性，即使网站关闭，只要存储该站点信息的网络依然存在，该网页就可以正常访问。同时，存储站点的分布式网络越多，其可靠性也就越强。

1. 设计初衷

IPFS 的目标是打造一个更加开放、安全，运行更快的互联网，利用分布式哈希表来解决数据的传输和定位问题，把点对点的单点传输变成 P2P（点对点技术，又称对等互联网络技术）传输。每一个 IPFS 节点上都会存储一个地图，各个地图之间互相连接，所有 IPFS 节点地图加起来构成一个分布式哈希表。当向该网络请求数据时，IPFS 会根据数据本身的哈希值采用一种数学计算方式来查找所需资源，然后建立连接，下载这些数据。

IPFS 旨在实现网络数据文件的分布式存储和读取。目前网上的所有信息都存储在服务器中，为了防止信息丢失，IPFS 会把文件打碎，分散地存储在不同的硬盘里，下载的时候再从散落在全球各地的硬盘中读取。这种方式类似于 BT（比特流）下载的一种升级，如果每个人都贡献出自己闲置的存储空间，那么云存储的安全性将得到有效提升，存储的成本和价格也会极大地降低。

2. IPFS的优势

IPFS 具有以下优势。

（1）IPFS 的特性决定了它可以解决数据存储冗余的问题。

如果用户喜欢某部电影又担心之后找不到，通常会把这部电影下载到本地，那么一个无法避免的问题就是，同一部电影被反复存储在不同的服务器，造成了内存资源的极大浪费，这就是 HTTP 的弊端，即同样的资源备份次数过多所造成的冗余问题；而 IPFS 会对将要存储的文件做一次哈希计算，完全相同的两个文件其哈希值相同，用户只需使用相同的哈希值就可以访问该文件。在查找文件时，通过文件的哈希值就可以在网络上找到存储该文件的节点并找到该文件，从而实现真正的资源共享。基于 IPFS 的近似于永久存储的特性，用户不必担心找不到某一文件资源，全球计算机上只要有服务器存储该资源，用户就可以找到它，而不需要重复存储几十万份，从而避免了内存资源的极大浪费。

（2）IPFS 基于内容寻址，而非基于域名寻址。

IPFS 的网络上运行着一条区块链，即用于存储互联网文件的哈希值表。当 IPFS 用户需要使用某个资源时，系统会通过 DHT（分布式哈希表）找到其所在的节点，通过 BitSwap 协议（数据块交换）回传资源并在本地使用。

（3）IPFS 存储的数据文件（内容）具有存在的唯一性。

当一个文件存入 IPFS 网络，IPFS 将基于计算赋予内容一个唯一的加密哈希值。当文件内容一致时，这个哈希值是唯一的，同时它可以提供文件的历史版本控制器（类似开源的分布式版本控制系统 Git），并让多个节点使用不同版本的保存文件。

（4）存在节点存储激励及代币分成。

利用代币（Filecoin）的激励作用，让各节点有动力去存储数据。代币是一个由加密货币驱动的存储网络。提供存储数据的用户通过为网络提供开放的硬盘空间获得代币，用户用代币来支付去中心化网络中存储加密文件的费用。

（二）GFS

GFS 是谷歌开发的可扩展的分布式文件系统，和 HDFS 一样，可以用于大量数据的访问。

1. GFS架构

GFS 架构比较简单，一个 GFS 集群一般由一个 master（主节点）、多个 chunkserver（组块服务器）和多个 client（客户端）组成。在

GFS 中，所有文件被切分成若干个 chunk，并且每个 chunk 拥有唯一不变的标识（在 chunk 创建时由 master 负责分配）。所有 chunk 实际都存储在 chunkserver 的磁盘中，为了容错，每个 chunk 都会被复制到多个 chunkserver 中。

GFS 中有 4 个主要部件，分别是 chunkserver、master、client 及 Application（应用）。

（1）chunkserver。

依托于 Linux 文件系统，chunkserver 本身不需要缓存文件数据，可以直接利用 Linux 系统的数据缓存，极大地简化了 GFS 的设计。在服务器中，文件都是分成固定大小的 chunk 来存储的，每个 chunk 通过全局唯一的 64 位的 chunk handle（标识符）来标识。chunk handle 在创建 chunk 的时候由 master 分配。chunkserver 把文件存储在本地磁盘中，读或写的时候需要指定文件名和字节范围，然后定位到对应的 chunk。为了保证数据的可靠性，一个 chunk 一般会在多台 chunkserver 上同时存储，默认为 3 份，用户也可以根据实际需要修改该值。

（2）master。

master 是 GFS 的元数据服务器，负责维护文件系统的元数据，以及控制系统级活动，是系统的核心部分。为了简化设计，master 是单节点。

（3）client。

client 是应用端使用的 API 接口，它通过和 master 交互获取文件的元数据信息，但是所有和数据相关的信息都是直接与 chunkserver 进行交互的。

（4）Application。

Application 通过 client 与后端（master 和 chunkserver）进行交互。

2. GFS数据的优势

GFS 数据具有以下几种优势。

（1）完整性。

GFS 使用了大量的磁盘，当某个磁盘出错导致数据被破坏时可以使用其他副本来恢复数据，但首先必须能检测出错误。chunkserver 使用校验和来检测错误数据。每一个组块都被划分为 64KB 的单元（block），每个单元对应一个 32 位的校验和。校验和与数据分开存储，内存一份，然后以日志的形式在磁盘备份一份。chunkserver 在发送数据之前会核对数据的校验和，以防止错误的数据传播出去。如果校验和与数据不匹配，就返回至错误的数据，并向 master 反映情况。master 会进行复制副本的操作，并在复制完成后命令该 chunkserver 删除非法副本。

（2）一致性。

GFS 数据的一致性是指 master 的元数据和 chunkserver 的数据是否一致，多个数据块副本之间是否一致，以及多个客户端看到的数据是否一致。

（3）可用性。

为了保证数据的可用性，GFS 为每个数据块存储了多个副本，以避免单台元数据服务器承担太多压力而出现单点故障问题。master 为了能快速从故障中恢复，采用了 log 和 checkpoint 技术。

第三节 数据库

面对互联网时代产生的海量数据，传统的数据处理技术是否依旧适用？传统的关系型数据库是否依旧能满足应用需求？诸如此类的疑问使传统的数据处理技术遇到了前所未有的严峻挑战。传统关系型数据库的结构化数据的存储与管理技术已经发展成熟并且得到了广泛的应用。由于非结构化是大数据的重要特征之一，如何将大数据组织成合理的逻辑结构与存储结构，以便挖掘出更精确的、更有价值的信息，并且将其投入商业应用，是大数据时代数据库技术面临的一个重要且必须解决的问题。

一、传统关系型数据库面临的问题

传统关系型数据库在数据存储上主要面向结构化数据，聚焦于便捷的数据查询分析能力、按照严格规范快速处理事务的能力、多用户并发访问能力及数据安全性的保证。其以结构化的数据组织形式、严格的一致性模型、简单便捷的查询语言、强大的数据分析能力以及较高的程序与数据独立性等优势获得了广泛应用，但是面向结构化数据存储的关系型数据库已经不能满足当今互联网数据快速访问、大规模数据分析挖掘的需求，传统关系型数据库和数据处理技术在应对海量数据处理方面出现了明显不足。

（一）关系模型束缚对海量数据的快速访问能力

关系模型是一种按内容访问的模型，在传统关系型数据库中，根据列的值来定位相应的行。这种访问模型会在数据访问过程中引入耗时的输入/输出，从而影响快速访问的能力。虽然传统的数据库系统可以通过分区的技术来减少查询过程中数据输入/输出的次数以缩短响应时间，但是在快速增长的数据规模下，这种分区技术所带来的性能改善并不显著。

（二）针对海量数据，缺乏访问灵活性

在现实情况中，用户查询时希望具有极大的灵活性，用户可以提出各种数据任务请求，任何时间，无论提出的是什么问题，都能得到快速响应。传统数据库无法提供灵活的解决方案，不能对随机性的查询做出快速响应，因为它需要等待人工对特殊查询进行调优，这就导致很多公司不具备这种快速反应能力。

（三）对非结构化数据处理能力薄弱

传统的关系型数据库处理的数据类型只限于数字、字符等，对多媒体信息的处理还停留在简单的二进制代码文件的存储的水平。然而，随着用户应用需求的不断提高、硬件技术的发展以及多媒体交流方式的普及，用户对多媒体处理的要求从简单的存储上升为识别、检索和深入加工。因此，如何处理占信息总量85%的声音、图像、时间序列信号和视频等复杂数据类型，是很多数据库厂家亟待解决的问题。

（四）海量数据导致存储成本、维护管理成本不断增加

大型企业都面临着业务和IT投入压力，与以往相比，系统的性价比受到了更多关注，投资回报率日益受到重视。企业因为保存了大量在

线数据及数据膨胀而需要在存储硬件上进行大量投资，虽然存储设备的成本在不断下降，但存储的整体成本在不断增加，并且日益成为占比最大的 IT 开支之一。

二、分布式数据库 HBase

HBase 是针对谷歌 BigTable 的开源实现，是一个高可靠、高性能、面向列、可伸缩的分布式数据库，主要用来存储非结构化和半结构化的松散数据。HBase 可以支持超大规模数据存储，可以通过水平扩展的方式，利用廉价计算机集群处理由超过 10 亿行数据和数百万列元素组成的数据表。

（一）HBase 概述

HBase 是 Apache Hadoop 生态系统中的重要一员，而且与 Hadoop 一样，主要依靠横向扩展，通过不断增加廉价的商用服务器来增强计算和存储能力。HBase 是基于谷歌 BigTable 模型开发的，典型的键-值（key-value）存储系统。它将数据按照表、行和列的逻辑结构进行存储，是构建在 HDFS 之上的面向列、可伸缩的分布式数据库。尽管 Hadoop 可以很好地解决大规模数据的离线批量处理问题，但是，受限于 Hadoop MapReduce 编程框架的高延迟数据处理机制，以及 HDFS 只能批量处理和顺序访问数据的限制，Hadoop 无法满足大规模数据实时处理应用的需求，而 HBase 位于结构化存储层，在 HDFS 提供的高可靠性的底层存储的支持下，HBase 具有以随机的方式访问、存储和检索数据库的能力。同时，传统的通用关系型数据库无法应对数据规模剧增引起的系统扩展问题和性能问题，因此包括 HBase 在内的非关系型数据库的出现有效弥补了传统关系型数据库的不足。HBase 与传统的关系型数据库的区别主要体现在以下几个方面。

1. 数据类型

关系型数据库采用的是关系模型，具有丰富的数据类型和存储方式，而 HBase 采用的是更加简单的数据模型，它把数据存储为未经解释的字符串，用户可以把不同格式的数据全部序列化成字符串并将其保存在 HBase 中。

2. 数据操作

关系型数据库中包含了丰富的操作，其中会涉及复杂的多表链接。HBase 操作不存在复杂的表与表之间的关系，只有简单的插入、查询、删除、清空等操作，通常只采用表单的主键查询。

3. 存储模式

关系型数据库是基于行模式存储的，这种存储模式会浪费大量磁盘空间和内存带宽；而 HBase 是基于列存储的，每个列族都由几个文件保存，不同列族的文件是彼此分离的。其优点是降低了 I/O 开销，支持大量并发用户查询，因为仅需要处理可以响应这些查询的列，而不需要处理与查询无关的大量数据行，同一个列族中的数据会一起进行压缩，由于同一列族内的数据相似度较高，因此可以获得更高的压缩比。

（二）HBase 数据模型

HBase 是一个稀疏、多维度、排序的映射表，采用行键（Row Key）、列族（Column Family）、列限定符（Column Qualifier）和时间戳（Timestamp）进行索引。每个值都是一个未经解释的字符串，没有数据类型。用户在表中存储数据，每一行都有一个可排序的行键和任意多的列。表在水平方向由一个或多个列族组成，一个列族中可以包含任意多个列，同一个列族里的数据存储在一起。所有列均以字符串的形式存储，用户需要自行进行数据类型转换。由于同一张表里面的每一行数据都可以有截然不同的列，因此对于整个映射表中的各行数据而言，有些列的值就是空的，所以说 HBase 是稀疏的。

HBase 使用坐标来定位表中的数据，也就是说，每个值都是通过坐标来访问的。需要根据行键、列族、列限定符和时间戳来确定一个单元格，因此可以视为一个“思维坐标”。

1. 表

HBase 采用表来组织数据，表由行和列组成，列划分为若干个列族。

2. 行键

每个 HBase 表都由若干行组成，各行均由行键来标识。行键是数据行在表中的唯一标识，并作为检索记录的主键。在 HBase 中访问表中的行只有三种方式，即通过单个行键访问、给定行键的访问范围、全表扫描。行键可以是任意字符串，默认按字段顺序进行存储。

3. 列族

一个 HBase 表被分组成许多“列族”的集合，它是基本的访问控制单元。列族需要在表创建时就定义好，存储在一个列族中的所有数据通常都属于同一种数据类型，这样就具有更高的压缩率。表中的每个列都归属于某个列族，数据可以存放到列族的某个列下。在 HBase 中，访问控制、磁盘和内存的使用统计都是在列族层面进行的。

4. 单元格

在 HBase 表中，通过行、列族和列确定一个“单元格”。单元格中存储的数据没有数据类型，每个单元格中可以保存一个数据的多个版本，每个版本对应一个不同的时间戳。每个单元格都保存着同一份数据的多个版本，这些版本采用时间戳进行索引。每次对一个单元格执行操作（新建、修改、删除）时，HBase 都会隐式地自动生成并存储一个时间戳。一个单元格的不同版本是根据时间戳降序存储的，这样最新的版本可以被最先读取。

5. 数据坐标

HBase 数据库中，每个值都是通过坐标来访问的。如果把所有坐标看成一个整体，视为“键”，把四维坐标对应的单元格中的数据视为“值”，那么，HBase 也可以看成一个键值数据库。

（三）HBase 体系结构

HBase 的实现需要四个主要的功能组件，即链接到每个客户端的库函数、Zookeeper（分布式协调）服务器、Master（主）服务器和 Region（区域）服务器。

在一个 HBase 中存储了许多表，对于每一张表而言，表中的行都是根据行键的值的字典序进行维护的。表中包含的行数量可能非常大，无法全部存储在一台机器上，需要分布存储到多台机器上。因此，需要根据行键的值对表中的行进行分区，每个分区被称为一个“Region”，其中包含了位于某个值域区间内的所有数据，是数据分发的基本单位。Region 服务器负责存储和维护分配给自己的 Region，处理来自客户端的读写请求，所有 Region 会被分发到不同的服务器上。

初始时每个表只有一个 Region，随着数据的不断插入，Region 会持续增大，当一个 Region 中包含的行数量达到阈值时，会被自动等分成两个新的 Region，随着表中行的数量持续增加会分裂成多个 Region。每个 Region 的默认大小为 100MB～200MB，它是 HBase 中负载均衡和数据分发的基本单位。Master 服务器负责管理和维护数据表的分区。例如，一个表被分成了哪些 Region，每个 Region 被存放在哪台 Region 服务器上。不同的 Region 会被分配到不同的 Region 服务器上，但是同一个 Region 是不会被拆分到多个 Region 服务器上的。每个 Region

服务器负责管理一个Region集合，通常在每个Region服务器上会放置10～1000个Region。当存储的数据量非常大时，必须设计相应的Region定位机制，以保证客户端知道到哪里可以找到自己所需要的数据。每个Region都有一个RegionID来标识其唯一性，如此，Region标识符就可以表示成“表名+开始主键+RegionID”。Zookeeper主要实现集群管理的功能，根据当前集群中每台机器的服务状态调整分配服务策略。HBase服务器集群包含一个Master服务器和多个Region服务器，每个Region服务器都要到Zookeeper中进行注册，Zookeeper会实时监控每个Region服务器的状态并通知给Master服务器，这样Master服务器就能通过Zookeeper随时感知各个Region服务器的工作状态。

（四）HBase数据存储过程

当HBase对外提供服务时，其内部存有名为“-ROOT-”和“.META.”的特殊目录表，“.META.”表的每个条目包含两项内容：一个是Region标识符，另一个是Region服务器标识，该条目就表示Region和Region服务器之间的对应关系，也称为“元数据表”。当“.META.”表中的条目大幅增加时，也需要分区存储在不同的服务器上，因此“.META.”表也会分裂成多个Region，为了定位这些Region，需要一个新的映射表来记录所有元数据的具体位置，这个新的映射表就叫作“-ROOT-”表。“-ROOT-”表是不可分割的，永远只有一个Region用于存放“-ROOT-”表，Master服务器知道它的位置。

当Client发起数据访问请求时，首先需要在Zookeeper集群上查找“-ROOT-”的位置；然后客户端通过“-ROOT-”查找请求所在范围所属“.META.”的区域位置；接着，客户端查找“.META.”的区域位置以获取用户空间区域所在节点及其位置；最后，Client直接与管理该区域的Region服务器进行交互。一旦Client知晓数据的实际存储位置（某Region服务器的位置），该Client便会直接和这个Region服务器进行交互，即Client需要通过“三级寻址”过程找到用户数据表所在的Region服务器，然后直接访问该Region服务器以获得数据。

三、NoSQL技术

NoSQL是一种不同于关系型数据库的数据库管理系统设计方式，是非关系型数据库的统称。NoSQL技术引入了灵活的数据模型、水平可伸缩性和无模式数据模型。这些数据库旨在提供易于扩展和管理的大量数据。NoSQL数据库提供一定级别的事务处理，使其适合社交网络工作、电子邮件和其他基于Web的应用程序。为了提高用户对数据的可访问性，数据需要在多个站点中分布和复制。同一站点上的复制支持数据在任何损坏的情况下进行恢复，如果复制得到的副本创建在不同的地理位置，也有助于提高数据的可用性。一致性是分布式存储系统的另一重要指标，保证多个副本在每个站点同步最新状态是一项极挑战性的任务。

NoSQL遵循CAP理论和BASE原则。CAP理论是指一个分布式系统不能同时满足一致性（consistency）、可用性（availability）和分区容错性（partition tolerance）三种需求，最多只能同时满足其中两种需求。因此，大部分非关系型数据库系统都会根据自身设计目的进行相应的选择。比如：Cassandra（开源分布式NoSQL数据库系统）、Dynamo（分布式 NoSQL 数据库）满足AP；BigTable、MongoDB（基于分布式文件存储的数据库）满足CP；而关系型数据库，如MySQL和Postgres满足AC。BASE即Basically Available（基本可用）、Soft State（软状态）和Eventually Consistent（最终一致）的缩写。基本可用是指可以容忍系统的短期不可用，并不强调全天候服务；软状态是指状态可以有一段时间不同步，存在异步的情况；最终一致是指最终数据一致，而不是严格的时时一致。因此，目前 NoSQL 数据库大多是针对其应用场景的特点，遵循 BASE 设计原则设计的，更加强调读写效率、数据容量及系统可扩展性。在性能上，NoSQL 数据存储系统都具有传统关系型数据库所不能满足的特性，是面向应用需求提出的各具特色的产品。在设计上，它们都关注数据高并发读写和海量数据存储等，可实现海量数据的快速访问，且对硬件的需求较低。

近年来，NoSQL 数据库发展势头迅猛，在短短几年时间内就爆炸性地产生了 50～150 个新的数据库。据一项网络调查显示，行业中最需要的开发人员技能排名前十位的依次是 HTML5、MongoDB、iOS、Android、Mobile Apps、Puppet、Hadoop、jQuery、PaaS、Social Media。其中，MongoDB 是一种文档数据库，属于 NoSQL，其热度甚至在 iOS（苹果操作系统）之上，由此足以看出 NoSQL 的受欢迎程度。NoSQL 数据库虽然数量众多，但是归结起来，典型的 NoSQL 数据库通常包括键值数据库、列族数据库、文档数据库和图数据库四种。

（一）键值数据库

键值数据库（Key-Value Database）是最常见和最简单的 NoSQL 数据库，其数据是以键值对集合的形式存储在服务器节点上的，其中，键为唯一标识符。键值数据库是高度可分区的，并且允许以其他类型数据库无法实现的规模进行水平扩展。例如，如果现有分区填满了容量，并且需要更多的存储空间，键值数据库会使用哈希表，该表中有一个特定的 Key 和一个指针指向特定的 Value。Key 可以用来定位数据。Value 对数据库而言是透明不可见的，不能对 Value 进行索引和查询，只能通过 Key 进行查询。Value 的值可以是任意类型的数据，包括整型、字符型、数组、对象等。在存在大量写操作的情况下，键值数据库比关系型数据库明显具备更好的性能。因为，关系型数据库需要建立索引来加速查询，当写操作频繁时，索引会发生频繁更新，由此会产生高昂的索引维护代价。关系型数据库通常很难进行水平扩展，但是键值数据库具有良好的可伸缩性，理论上几乎可以实现数据量的无限扩容。键值数据库可以进一步划分为内存键值数据库和持久化键值数据库。内存键值数据库把数据保存在内存中，如 Memcached（分布式的高速缓存系统）和 Redis（远程字典服务）；持久化键值数据库把数据保存在磁盘中，如 Berkeley DB（开源的文件数据库）、Voldmort（非关系数据库中的一类键值存储数据库）和 Riak（开源的基于键值对存储的 NoSQL 数据库）。

（二）列族数据库

列族数据库（Column-Oriented Database）是按列对数据进行存储的，其采用的列存储方式对数据查询非常有利，与传统的关系型数据库相比，列族数据库在查询效率上有了很大提升。列存储可以将数据存储在列族中。存储在一个列族中的数据通常是经常被一起查询的相关数据。例如，如果有一个“住院者”类，人们通常会同时查询患者的住院号、姓名和性别，而不是查询他们的过敏史和主治医生。在这种情况下，住院号、姓名和性别就会被放入同一个列族中，而过敏史和主治医生信息则不应该包含在这个列族中。在传统的关系型数据库管理系统中也有基于列的存储方式，与之相比，列存储的数据模型具有支持不完整的关系数据模型、适合规模巨大的海量数据、支持分布式并发数据处理等特点。总的来讲，列存储数据库具有模式灵活、修改方便、可用性高、可扩展性强的特点。

（三）文档数据库

面向文档存储是由 IBM 最早提出的，它是一种专门用来存储管理文档的数据库模型。文档数据库（Document Database）是由一系列自包含的文档组成的，这意味着相关文档的所有数据都存储在该文档中，而非存储在关系型数据库的关系表中。事实上，文档数据库中根本不存在表、行、列或关系，这就意味着文档数据库是与模式无关的，不需要在实际使用数据库之前定义严格的模式。文档数据库与传统的关系型数据库和20世纪50年代的利用文件系统管理数据的方式相比，有很大的区别。下面就具体介绍三者的区别。

在古老的文件管理系统中，数据不具备共享性，每个文档只对应一个应用程序，即使多个不同的应用程序都需要使用相同的数据，也必须各自创建自己的文件。文档数据库虽然是以文档为基本存储单位，但是其仍然属于数据库的范畴，因此它支持数据共享。这就大大减少了系统内的数据冗余，节省了存储空间，也便于数据的管理和维护。在传统关系型数据库中，数据被分割成离散的数据段，而在文档数据库中，文档被看作数据处理的基本单位，所以文档可以很长也可以很短，复杂或是简单都可以，不必像在关系型数据库中那样受到结构的约束；但是两者之间并不是相互排斥的，它们之间可以相互交换数据，实现相互补充和扩展。例如，如果某个文档需要添加一个新字段，那么只需在文档中包含该字段即可，而不需要对数据库中的结构做出任何改变。也就是说，这样的操作丝毫不会影响到数据库中的其他文档。因此，文档不必为没有值的字段存储空数据值。假如在关系型数据库中需要4张表来储存数据，包括一个Person表、一个Company表、一个Contact Details表和一个用于存储名片本身的表。这些表都有严格定义的列和键，并且使用一系列Join组装数据。虽然这样做可以使每段数据都有一个唯一真实的版本，但这会为以后的数据修改带来诸多不便。此外，也不能修改其中的记录以用于不同的情况。例如，一个人可能有手机号码，也可能没有。当某个人没有手机号码时，那么名片上就不应该显示“手机：

没有”，而是应忽略任何关于手机的细节。这就是面向文档存储和传统关系型数据库在数据处理上的不同，显然，由于没有固定模式，面向文档存储显得更加灵活。文档数据库中，每个名片都存储在各自的文档中，并且每个文档都可以定义它所使用的字段。因此，对于没有手机号码的人，就不需要再给该属性定义具体值；而对于有手机号码的人，则可以根据他们的意愿定义该值。此外，一定要注意，虽然文档数据库的操作方式在处理大数据方面优于关系型数据库，但这并不意味着文档数据库可以完全替代关系型数据库，它只是为更适合这种数据处理方式的项目提供更佳的选择，如 Wikis（社会软件）、博客和文档管理系统。

（四）图数据库

图形存储是将数据以图形的方式进行存储。在构造的图形中，实体被表示为节点，实体之间的关系被表示为边。其中，最简单的图形就是一个节点，也就是一个拥有属性的实体，关系可以将节点连接成任意结构，那么对数据的查询就转化成了对图的遍历。图形存储最大的特点就是研究实体与实体间的关系，所以图形存储中有丰富的关系表示，这在 NoSQL 成员中是独一无二的。具体来说，可以根据算法从某个节点开始，按照节点之间的关系找到与之相关联的节点。例如，要想在住院患者的数据库中查找“负责外科 15 床患者的主治医生和主管护士是谁”，这类问题利用图形存储就很容易解决。图数据库（Graph Database）专门用于处理具有高度关联关系的数据，可以高效地处理实体之间的关系，比较适合于解决社交网络、模式识别、依赖分析、推荐系统及路径寻找等问题；但是，除了在处理图和关系这些应用领域有很好的性能以外，在其他领域，图数据库的性能不如其他 NoSQL 数据库。

第四节　数据仓库

数据仓库（Data Warehouse），是为企业所有级别的决策制定过程提供所有类型数据支持的战略集合。它是单个数据存储，是出于分析性报告和决策指出目的而创建的，为需要业务智能的企业提供业务流程改进、监视时间、成本、质量及控制等方面的指导。数据仓库中的数据是在对原有的分散的数据库数据进行抽取、清理的基础上经过系统加工、汇总和整理得到的，必须消除源数据中的不一致性，以保证数据仓库内的信息是关于整个企业的一致的全局信息。

数据仓库的数据主要供企业决策分析使用，所涉及的数据操作主要是查询，一旦某个数据进入仓库，一般情况下就会被长期保留，也就是说，数据仓库中往往有大量的查询操作，但修改和删除操作很少，通常只需定期加载刷新即可。

一、什么是数据仓库

数据仓库的概念是由“数据仓库之父”比尔·恩门（Bill Inmon）于 1990 年提出的。数据仓库是一个面向主题的（Subject Oriented）、集成的（Integrated）、相对稳定的（Non-Volatile）、反映历史变化（Time Variant）的数据集合，用于支持管理决策。这一定义获得了业界的广泛认可。

数据仓库是一个过程而不是一个项目，数据仓库是一个环境而不是一个产品。数据仓库为用户提供了用于决策支持的当前和历史数据，这些数据在传统的操作型数据库中很难或无法得到。数据仓库技术是为了有效地把操作型数据集成到统一的环境中以提供决策性数据访问，并进行分析、挖掘的各种技术和模块的总称。数据仓库所做的一切都是为了让用户更快、更方便地查询所需要的信息，并为其提供决策支持。

数据仓库是在数据库已经大量存在的情况下，为了进一步挖掘数据资源、满足决策需要而产生的，它并不是所谓的“大型数据库”。数据仓库方案建设的目的是为前端查询和分析打好基础。

由于有较大的冗余，需要的存储空间也较大，为了更好地为前端服务，数据仓库往往具有以下 4 个特点。

（1）效率足够高，能够满足企业实时或在最短时间内看到数据分析结果的需求。

（2）数据质量要求高、准确度高。

（3）具有良好的可扩展性，能够通过中间层技术使海量数据流有足够的缓冲，从而保证系统运行的流畅性。

（4）采用面向主题的数据组织方式，在较高层次上对企业信息系统中的数据进行综合、归类并对其进行分析利用，每个主题对应一个宏观的分析领域。

随着信息技术的不断普及以及企业信息化建设步伐的不断加快，企业逐渐认识到建立企业范围内的统一数据存储的重要性，越来越多的企业已经建立或者正在着手建立企业数据仓库。企业数据仓库有效集成了来自不同部门、存储于不同地理位置、具有不同格式的数据，为企业管理决策者提供了企业范围内的单一数据视图，从而为综合分析和科学决策奠定了坚实的基础。

二、数据仓库的构成

一个典型的数据仓库主要包含五个层次，即数据源、数据集成、数据存储和管理、数据服务、数据应用。

（一）数据源

数据源层是数据仓库的数据来源，包括外部数据、现有业务系统和文档资料等。

（二）数据集成

数据集成层完成数据的抽取、清洗、转换及加载任务，利用 ETL 工具将数据源中的数据以固定周期加载到数据仓库中。

（三）数据存储和管理

数据存储和管理层主要涉及数据的存储和管理，包括数据仓库、数据集市、数据仓库检测、运行与维护工具和元数据管理等。

（四）数据服务

数据服务层为前端工具和应用提供数据服务，可以直接从数据仓库中获取数据供前端应用使用，也可以通过 OLAP 服务器为前端应用提供更加复杂的数据服务。OLAP 服务器提供了不同聚集粒度的多维数据集合，使得应用不需要直接访问数据仓库中的底层细节数据，极大地减少了数据计算量，提高了查询响应速度。此外，OLAP 服务器还支持针对多维数据集的上钻、下探、切片、切块和旋转等操作，增强了多维数据分析能力。

（五）数据应用

数据应用层直接面向最终用户，包括数据查询工具、自由报表工具、数据分析工具、数据挖掘工具和各类应用系统。

三、数据仓库工具 Hive

Hive 是一个构建在 Hadoop 上的数据仓库平台，最初由脸书开发，后来由 Apache 软件基金会继续开发，是一个 Apache 开源项目。Hive 的设计目标是将 Hadoop 上的数据操作与传统 SQL 相结合，使熟悉 SQL 编程的开发人员能轻松地向 Hadoop 平台迁移。Hive 可以在 HDFS 上构建数据仓库以存储结构化数据，这些数据来源于 HDFS 的原始数据，Hive 提供了类似 SQL 的查询语言 HiveQL，可以执行查询、变换数据等操作。通过解析，HiveQL 语句在底层被转换为相应的 MapReduce 操作。此外，它还提供了一系列工具用于数据提取、转化、加载，可以存储、查询和分析存储在 Hadoop 中的大规模数据集。

（一）Hive 的工作原理

Hive 本质上相当于一个 MapReduce 和 HDFS 的翻译终端。用户提交 Hive 脚本以后，Hive 运行时环境会将这些脚本翻译成 MapReduce 和 HDFS 操作并向集群提交操作请求，Hive 的表其实就是 HDFS 的目录或文件，按表名把文件夹分开，若是分区表，则分区值是子文件夹，可以直接在 MapReduce 程序里使用这些数据。Hive 把 HiveQL 语句转换成 MapReduce 任务后，采用批处理的方式对海量数据进行处理。数据仓库中存储的是静态数据，很适合采用 MapReduce 进行批处理。Hive 还提供了一系列对数据进行提取、转换、加载的工具，可以存储、查询和分析存储在 HDFS 中的数据。

整个过程概括如下。

（1）用户编写 HiveQL 并向 Hive 运行时环境提交该 HiveQL。

（2）Hive Server 调用解析器将该 HiveQL 翻译成 MapReduce 和 HDFS 操作。

（3）Hive 运行时环境调用 Hadoop 命令行接口或者程序接口，向 Hadoop 集群提交 HiveQL 翻译得到的 MapReduce 程序，然后由 Hadoop 集群执行 MapReduce-App 或 HDFS-App。

（二）Hive 的数据组织

Hive 的存储是建立在 Hadoop 文件系统之上的。Hive 本身并没有专门的数据存储格式，不能为数据建立索引，因此用户可以非常自由地组织 Hive 中的表，只需在创建表时告诉 Hive 数据中的列分隔符和行分隔符即可解析数据。

Hive 中主要包含以下四类数据模型。

（1）表。

表（Table）在 HDFS 中显示为所属“database”目录下一个文件夹。在 Hive 中每个表都有一个对应的存储目录。

（2）外部表。

外部表（External Table）与 Table 类似，不过其数据存放位置可以是任意指定的 HDFS 目录路径。

（3）分区。

分区（Partition）在 HDFS 中显示为“table”目录下的子目录。在 Hive 中，表中的一个分区对应表下的一个目录，所有分区的数据都存储在对应的目录中。

（4）桶。

桶（Bucket）在HDFS中显示为同一个表目录或者分区目录下根据某个字段的值进行哈希散列之后的多个文件。

Hive的元数据存储在关系型数据库（RDBMS）中，元数据通常包括表的名字、表的列和分区及其属性，表的属性（内部表和外部表），表的数据所在目录。除元数据外的其他所有数据都基于HDFS存储。默认情况下，Hive元数据保存在内嵌的Derby（开源的关系型数据库管理系统）数据库中，只允许一个会话连接，只适合简单的测试，不适合实际生产环境使用。为了支持多用户会话，需要建立一个独立的元数据库，可以使用MySQL作为元数据库，因为Hive内部对MySQL提供了很好的支持。

传统数据库同时支持导入单条数据和批量数据，而Hive仅支持批量导入数据，因为Hive主要支持大规模数据集上的数据仓库应用程序的运行，常见操作是全表扫描，所以单条插入功能对Hive来说并不实用。更新和索引是传统数据库中非常重要的特性，但Hive不支持数据更新，因为它是一个数据仓库工具，而数据仓库中存放的是静态数据。Hive不像传统的关系型数据库那样有键的概念，它只提供有限的索引功能，使用户可以在某些列上创建索引，从而加速部分查询操作，Hive中给一个表创建的索引数据会被保存在另外的表中。因为Hive构建在HDFS与MapReduce之上，所以相对于传统数据库而言，Hive的时延会比较长，传统数据库中的SQL语句的时延一般少于1秒，而HiveQL语句的时延能达到分钟级。相比于传统关系型数据库很难实现横向扩展和纵向扩展，Hive运行在Hadoop集群之上，因此具有较好的可扩展性。

（三）Hive在企业中的部署和应用

Hadoop被广泛应用到云计算平台上用于实现海量数据计算，且在很早之前就被应用到了企业大数据分析平台的设计与实现中。当前企业中部署的大数据分析平台，除了 Hadoop 的基本组件 HDFS 和 MapReduce 以外，还结合使用了 Hive、Pig（基于 Hadoop 的并行处理架构）、HBase 与 Mahout（Apache 开源的机器学习库），以满足不同业务场景需求。

第五节　数据管理

在大数据早期，数据管理主要是为了提升数据质量，到了今天，提升数据的质量依然是数据管理最重要的目标之一。

一、数据质量管理

数据管理的核心是确保数据的质量，如果数据未能满足使用者的需求，那么所有的存储、计算、安全加固、使用数据的努力都是无用的。有效的数据质量管理被认为对于任何一致的数据分析都是必不可少的。

（一）数据质量评估

20 世纪 80 年代，国际上开始对数据质量进行定义，即以提高数据质量和准确性为基础。随着大数据的不断发展和应用，数据来源越来越多样化，数据体量越来越大，数据涵盖的范围也越来越广，越来越多的企业开始关注数据质量，同时数据质量的定义也从单一概念转变为多维度概念。

数据质量的内涵具有相对性，但整体来看，数据质量的概念侧重于 3 个方面：一是从数据用户的角度出发衡量数据质量，二是通过建立有效的数据质量管理体系从多个角度评价数据质量，三是根据多维度的评价因素来判定数据质量的优劣。

在数据仓库中，数据质量体现在数据仓库的采集、转换、存储、应用等各个方面，每个阶段对数据质量有不同的要求。具体来说，数据采集阶段侧重数据的完整性和及时性；数据转换阶段着重要求数据是正确的、一致的；数据存储阶段重点关注数据的集成性；而数据应用阶段更注重数据的有效性。

目前，数据质量的度量理论以麻省理工学院 Richard Y Wang 等提出的数据质量度量维度为典型代表。在此基础上，结合当前大数据质量度量维度的研究，数据的度量维度可以分为四大类 18 个维度，具体如表 5-1 至表 5-4 所示。

表5-1 大数据固有质量的度量维度

维度名称	维度描述
可信性	数据真实和可信的程度
客观性	数据无偏差、无偏见、公正中立的程度
可靠性	来源和内容方面可信赖的程度
价值密度	大数据的价值可用性
多样性	大数据类型的多样性

表5-2 大数据环境质量的度量维度

维度名称	维度描述
适应性	数据在数量上满足当前应用的程度
完整性	数据内容是否缺失，以及满足当前应用的广度和深度的程度
相关性	数据对于当前应用来说适用和有帮助的程度
增值性	数据对当前应用是否有益，以及通过数据使用提升优势的程度
及时性	数据满足当前应用对数据时效性要求的程度
易操作性	数据在多种应用中便于使用和操作处理的程度
广泛性	大数据来源的广泛程度

表5-3　大数据表达质量的度量维度

维度名称	维度描述
可解释性	数据定义的清晰程度
简明性	数据表达事物特征的简明扼要的程度
一致性	数据在信息系统中按照一致的方式存储的程度
易懂性	使用者能够准确地理解数据含义以避免产生歧义的程度

表5-4　大数据可访问性质量的度量维度

维度名称	维度描述
可访问性	数据可用且使用者能方便、快捷地获取数据的程度
安全性	对数据的访问存取有严格的限制，达到相应的安全等级

（二）数据质量的影响因素

大数据背景下的统计数据具有海量、非结构化、多元化等特点，因而影响大数据质量的因素较为复杂，既包括技术性因素，也包括非技术性因素。及时察觉可能影响数据质量的各种因素并采取相应措施是数据质量管理中的重要环节。

关于数据管理，美国麻省理工学院的 Richard Y Wang 教授等人提出了全面的数据质量管理理论，把数据质量的影响因素总结为以下 3 个方面。

1. 流程方面

在数据管理流程中，每个阶段对数据质量有不同的影响因素。

（1）数据收集阶段。

智能设备、传感器及社交网络的应用和普及，使得数据的来源更加多样化。数据体量的增加及数据范围的扩大带来了多源数据融合等许多新的问题。同时，广泛来源的数据更需要注重时效性问题，企业和组织需要利用智能设备和新兴的数据统计技术实现数据的实时更新。

（2）数据存储阶段。

不同的数据存储方法有不同的特点和适用场景。传统的数据存储方法显然已无法满足大数据存储要求。大数据存储需要改变单一的数据存储结构，尤其是现在的数据中存在大量视频、图片等非结构化数据，若沿用传统的数据存储方法将非结构化数据转换为结构化数据进行存储，在转换过程中，数据的完整性、准确性等就会受到影响，因此要根据数据类型和具体需求建立相对应的数据库，以实现对结构化数据、非结构化数据和实时数据的有效质量管理。

（3）数据使用阶段。

大数据时代数据的产生和传播速度更快，事件瞬息万变，并且不断产生和更新数据，因而要求更加及时地进行数据提取和更新。这里对数据的及时性要求很高，数据使用阶段必须保证获取新鲜的数据，做出及时的数据处理分析，为管理者做出有价值的决策提供支持。

2. 技术方面

传统的数据检测技术主要针对结构化数据，当面对非结构化数据时效果会大打折扣，甚至会发生数据错误、丢失、失效、延迟等情况，这极大地增加了数据检测的时间成本以及面临的风险，降低了数据质量。因此，需要配备更高端的检测设备，以满足大数据时代对结构化数据和非结构化数据的不同检测要求，从而及时发现数据存在的问题。

3. 管理方面

人在数据管理中起着重要作用，这就要求企业和组织重视数据库管理人员的配备、数据管理制度与统计数据标准的制定和执行等。

（1）管理者的认识。

首先，企业和组织的高层管理者要从宏观层面认识到大数据发展和应用的重要性，并结合自身业务需求进行大数据建设和落实工作。其次，管理者自身要具备大数据的战略思维，知晓如何使用大数据才能有效地发挥其分析和处理结果的价值，为企业制定利于其发展的管理决策。

（2）数据库人员配备。

企业应设立专门的大数据部门，配备一批高素质的数据库专业人才。数据库人员不仅要精通技术，负责数据库日常的管理和维护以保证数据质量，还要熟悉业务，根据业务需求利用高质量的数据为公司决策提供帮助。

（3）统计数据标准的制定和执行。

大数据产业发展推动社会经济增长。政府部门非常重视大数据质量并对其有严格要求，以保证行业健康发展，通过统计数据标准的制定和执行，进一步保障大数据质量，促进大数据发展，以适应国际发展形势。

（三）数据质量管理方法和工具

1. 传统数据质量管理方法和工具

传统数据质量管理的 7 种方法和工具包括分层法、检查表、帕累托图、因果分析图、直方图、散点图、过程控制图。

（1）分层法。

分层法是整理数据的重要方法之一。分层法是指对收集到的原始数据按照一定的目的和要求进行分类整理，以便进行比较分析的一种方法。该方法应用于大数据质量管理中，可以进行有目的的数据分类整理，以进一步了解整体数据特征。

（2）检查表。

检查表是用来系统地收集资料（包括数字资料与非数字资料）、确认事实并对资料进行粗略整理和分析的一种图表工具，将其应用于大数据质量管理中，可以用于大数据收集，并确保数据的完整性。

（3）帕累托图。

帕累托图又称为排列图、主次图。帕累托图根据质量改进项的重要程度，从高到低对项目进行排列。在大数据质量管理中，帕累托图主要用于发现影响大数据的主要因素和主要问题的排列、识别数据质量改进办法等。

（4）因果分析图。

因果分析图是以结果为特性，以原因为因素，用箭头将原因和结果联系起来，表示因果的一种图形工具。因果分析图能简明、准确地表示事物间的因果关系，从而识别出问题的根源，明确改进方向。在大数据质量管理中，因果分析图可以用于分析大数据质量优劣，从中找出导致问题发生的具体原因。

（5）直方图。

直方图是描述特征值大小的一种图形工具。将直方图应用于大数据质量管理中，可以了解大数据质量特征值的分布状态。

（6）散点图。

散点图是描述两个因素之间关系的一种图形工具，将其应用于大数据的分析研究，可以分析大数据不同维度变量之间是否具有相关性，并根据变量间的相关性进行预测分析。

（7）过程控制图。

过程控制图是区分过程中的异常波动和正常波动，并据此判断过程是否处于控制状态的一种工具。将过程控制图应用于大数据质量管理中，可以了解大数据特性的时间轴变化状态，从而揭示大数据特性的变化趋势和变化范围。

2. 新型数据质量管理方法和工具

新型数据质量管理的 7 种方法和工具包括关联图、亲和图、系统图、矩阵图、矩阵数据分析法、过程决策程序图和矢线图。

（1）关联图。

关联图主要用于对原因—结果、目的—手段等复杂且相互纠缠的关系的表述，用箭头线连接各要素，将其因果关系表示出来，并从中找出主要因素。

（2）亲和图。

亲和图将收集到的各种数据资料按照相关性进行归纳整理，从而明确问题。在大数据质量管理中，亲和图可以用来整理收集到的意见、观点和想法等资料，并进行关联分析。

（3）系统图。

系统图是一种树枝状示图，表示某个质量问题与其组成要素之间的关系，从而明确问题的重点，寻求达到目的所应采取的最适当的手段和措施。

（4）矩阵图。

矩阵图是从问题事项中找出成对的因素群，分别将其排成行和列，并在其交点上表示成对因素间相关程度的一种图形工具。将该图应用于大数据质量管理中，可用于分析不同因素之间的关系，确定研究的方向和方法。

（5）矩阵数据分析法。

当矩阵图上各要素之间的关系能够定量表示时，可以通过计算来分析和整理数据。在大数据质量管理中应用矩阵数据分析法，可进行定量的大数据研究分析。

（6）过程决策程序图。

过程决策程序图是为实现某一目的进行多方案设计，以应对实施过程中产生的各种变化的一种计划方法。在大数据质量管理中，可以用过程决策程序图进行大数据研究计划制订，在不同场景和变化中模拟分析可能的结果，从而确定实施计划。

（7）矢线图。

矢线图是利用网络技术来制订最佳日程计划并有效管理实施进度的一种方法。在大数据质量管理中，可以利用矢线图制订大数据研究计划，找到影响计划的关键路径，从而确定切实可行的计划安排。

二、数据安全和隐私管理

随着科技的不断发展，大数据已经成为信息时代一项最为重要的资源。这些数据包含了人类在数字化时代所有的信息内容，这些内容涉及个人隐私、商业机密和国家安全等诸多敏感信息。保护数据安全与隐私问题成为大数据时代我们必须要面对的一个重要问题。

（一）数据安全和隐私的重要性

在大数据时代，每个人都是大数据的使用者和生产者，也都笼罩在信息泄露的风险中。数据泄露事件在全世界范围内层出不穷，不断加剧用户对网络安全以及大数据环境下数据安全和隐私风险的担忧。2014年5月，美国电商巨头eBay遭遇网络攻击，全球范围内1.45亿条客户信息被泄露；2014年10月，由于公司计算机系统遭遇网络攻击，美国资产规模最大的银行摩根大通银行的7600万个家庭和700万家小企业的相关信息被泄露；2014年5月，小米部分用户信息泄露。各种事件的出现接连暴露出虚拟世界的安全隐患。频繁上演的信息泄露事件引发了大数据的信任危机，对大数据发展造成了不利影响。因此，解决数据安全和隐私问题是当今大数据管理的重要议题。

（二）数据安全和隐私面临的问题与挑战

大数据应用模式导致数据的所有权和使用权分离，分化出数据所有者、提供者、使用者三种角色，数据不再像传统技术时代时那样在数据所有者的控制范围之内。数据是大数据应用模式中各方共同关注的重要资产，“黑客”实施各种复杂攻击的目标就是盗取用户的关键数据资产。因此，围绕数据安全的攻防成了大数据安全关注的焦点，也牵动着各方敏感的神经。技术性故障等问题在大数据时代依然存在，关系着个人隐私和大规模数据泄露。大数据网络空间与现实社会更紧密地联系在一起，带来了新的数据安全问题和隐私风险，也将信息安全带入一个全新的、复杂的、综合的时代。

1. 大数据成为网络攻击的重点目标

同行业领域竞相利用大数据技术发展业务，而大数据技术也为不同行业之间实现数据资源共享提供了条件。大数据意味着大规模、更复杂、更敏感的数据，个人、企业或组织都可以在大数据的整合和分析过程中获取一些敏感、有价值的数据，从而获得个人利益或使组织具有更强的竞争力。这就意味着有更多的潜在攻击者威胁着数据安全，并且，数据的大量汇集使得潜在攻击者在将数据攻破之后可以以此为突破口获取更多有价值的信息，无形中降低了攻击者的进攻成本，提高了大数据网络攻击的“性价比”。

2. 对大数据的分析利用可能侵犯个人隐私权

大量采集、整合和分析个人数据，对企业而言是挖掘了数据的价值，但对个人而言，是将个人的生活情况、消费习惯、身份特征等暴露在他人面前，这严重地侵犯了个人隐私权。随着企业越来越注重挖掘数据价值，通过用户数据来获取商业利益成为大势所趋，侵犯个人隐私权的行为会越来越多。

3. 大数据成为高级可持续攻击的载体

高级可持续攻击（Advanced Persistent Threat，APT）的特点是攻击时间长、攻击空间广、单点隐藏能力强。大数据为入侵者实施可持续的数据分析和攻击提供了极好的隐藏环境。传统的信息安全检测是基于单个时间点进行的针对威胁特征的实时匹配检测，而 APT 是一个过程，不具有可以被实时检测到的明显特征，因此隐藏在大数据中的 APT 攻击代码也很难被发现，从而带来更多的数据泄露风险。

4. 大数据存储带来新的安全问题

大数据环境下，数据数量呈非线性增长，并且种类复杂多样。大量多样的数据存储在一起，多种应用程序同时运行会导致数据杂乱无序、难以管理，从而造成数据存储管理混乱、信息安全管理不合规范。同时，数据的不合理存储也加大了事后溯源取证的难度。

（三）数据安全和隐私风险的常用防护技术

1. 数据发布采用匿名措施

对于结构化数据，应该对用户的数据发布状态及次数做出明确规定，这是数据保护的重要前提，也就是一次静态发布。在此背景下，对标识符进行属性分组，将相同属性分为一组，以便集中处理匿名信息。从理论的角度来看，这种数据匿名技术具有可行性，但在实际应用中无法有效满足上述前提条件，不能一次性完成用户数据发布，进而为攻击者提供了可乘之机，使其可以从不同发布点收集整理各用户的信息。对于由边和点组成的图结构数据，应严格把控边和点的安全和保护边界。在进行用户信息点属性匿名处理的过程中，关键在于让其毫无可见性；针对边属性的匿名处理，应该将传递信息双方的连接关系设置成仅对方可见，这样一来攻击者就看不见隐藏的信息了。

2. 数据水印技术

数据水印技术将可标识信息用一些很难发现的方式嵌入数据载体中。具体实施过程中可以借助集合的方式在某一固定的属性中嵌入数据，采用这种方式可以有效防止数据攻击者破坏水印。此外，可以通过在水印中录入数据库指纹，将信息的所有者和被分发的对象识别出来，这样便可以在分布式环境下追踪信息泄露者。

3. 角色挖掘技术

角色访问控制基于现阶段使用得最为广泛的访问控制模型。角色访问控制最初采用的是“由上而下”的模式，现阶段人们发现，这种模式可以顺利完成算法编制，可以更好地完成角色的优化和自动提取，以对用户角色进行整合和分配的方式使用户的相关权限得到有效控制。角色挖掘技术还可以用来监控用户行为。

4. 访问控制技术

大数据访问控制技术主要用于防止非授权访问和保护重要的大数据资源。访问控制包括自主访问控制和强制访问控制两种类型。自主访问控制是指用户拥有绝对权限，能生成访问对象，并能决定哪些用户可以访问。强制访问控制是指系统对用户生成的对象进行统一的强制性控制，并按预先制定的规则决定哪些用户可以访问。大数据平台需要不断接入新的用户终端、服务器、存储设备、网络设备和其他 IT 资源。当用户数量多、需要处理的数据量巨大时，用户权限管理任务就变得十分繁重，导致用户权限难以正确维护，从而降低了大数据平台的安全性和可靠性。因此，需要进行访问权限细粒度划分，构造用户权限和数据权限的复合组合控制方式，以提高大数据中敏感数据的安全保障。

6

第六章

大数据可视化

第一节　大数据可视化概述

海量烦琐复杂的数据对大多数人来说都是枯燥无趣的，而数据可视化是将数据转化为视觉形式的一种技术，将枯燥无趣的数据以图表形式表示出来，使之变得生动、有趣，旨在帮助人们更好地理解和分析数据。数据可视化不仅有助于简化人们的分析过程，也在很大程度上提高了数据分析效率，发现数据中隐含的价值，从而实现信息的简捷高效的传达。

数据可视化（Data Visualization）是关于数据视觉表现形式的科学技术研究，是利用计算机图形学和图像处理技术将大规模的集中数据以图表形式表示，并进行交互处理的一种理论、方法和技术。它使人们不再局限于通过关系数据表来观察和分析数据信息，而是更加明了地通过直观图形图像来发现数据中不同变量间的潜在联系。数据可视化是一门综合了艺术、计算机科学、统计学、心理学知识的学科，并随着大数据时代的发展而进一步繁荣。

一、数据可视化的原则

数据可视化使数据信息变得更有意义，更好地展示了数据的价值，它可以优美地将大数据中的繁杂信息简化成既美观又富有意义的可视化图形，使读者可以轻松地了解数据背景，并从中得到所需信息。

数据可视化通常遵循以下几点原则。

（一）理解数据源及数据

数据源即数据的来源，数据可视化的关键步骤是确保了解需要进行可视化的数据。可视化的数据可以是各种数据类型，数据源必须可靠、实用、完整、真实且具备更新能力。在数据可视化工作开始之前，应当做好前期基础准备工作，如对数据有全局宏观的理解，了解收集到的数据可以展现哪些价值，只有这样才能有针对性地进行下一步工作，创造出既有意义又人性化的数据可视化结果。

（二）明确数据可视化的目的

好的数据可视化不仅形式上美观，还能够帮助人们解读之前无法触及的内容，并使这些内容富有意义和指导性，因此在进行数据可视化操作之前，除了应当了解数据源及数据之外，还必须要明确数据可视化的目的，包括要呈现什么样的数据，这些数据是被谁使用的，需要起到什么样的作用和效果，想要看到什么样的结果，是针对一个活动的分析还是针对一个发展阶段的分析，是研究用户还是研究销量，等等。

（三）注重数据的比较

要想从大量的数据中了解数据所反映的问题，就必须进行数据比较。数据比较是相对的，不仅在于量的呈现，更重要的是能够看到问题所在。一般同比或者环比使用得较多。

（四）建立数据指标

在数据可视化的过程中，建立数据指标才会有对比性，才知道对比的标准在哪里，也才能更好地知道问题所在。数据指标的设置要结合具体的业务背景科学地进行处理，而不是凭空设置。这样一来，用户就可以根据现有数据指标进行深层次的自我思考，而不是仅给用户呈现一种数据形式及结果。

（五）简单法则

数据可视化是将数据意义以一种简单直观的方式呈现给用户，而不是让用户接收冗余的过载信息。其关键就在于坚持“用户第一”的理念，专注简单的设计方法，这样才能使复杂或者零散的信息变得切实可行、易于理解。

（六）数据可视化的艺术性

艺术性是指数据的可视化呈现应当具有艺术性，符合审美规则以吸引读者的注意。数据展示的形式从总体到局部要有一个逻辑清晰的思路，对问题才会有针对性的解决办法。在展示基础数据的同时，增加图形的可读性和生动性。只有让数据表格或者数据图形呈现的方式更加多样化，才能进一步引起读者的兴趣，提升用户的体验感。

二、数据可视化的重要性

随着大数据时代的到来，数据的容量和复杂性在不断增加，从而限制了普通用户对数据的理解，用户无法直接从中获取价值。再重要的结论，如果用户无法理解或无法从中获取价值都是没有任何意义的，而数据可视化就是一种帮助用户分析、理解和共享信息的极好媒介。因此，数据可视化的需求越来越多，依靠可视化手段进行数据分析必将成为大数据分析流程的主要环节之一。

从人类大脑处理信息的方式来看，人类的视觉系统更容易接收来自外界的信息，因而分析大量复杂数据时使用图表要比传统的查看电子表格或报表更容易理解。数据可视化可以将大量复杂数据以图表的方式展现出来，使枯燥无味的数据变得更加通俗易懂，从而使人们能够轻松地获得其中蕴藏的大量有价值的信息。

数据可视化使人们可以通过视觉形象比较直观地从海量数据中获取数据之间不同模式或过程的联系与区别。数据可视化有助于人们更加方便快捷地理解数据的深层含义，从而有效参与复杂的数据分析过程，提升数据分析效率，改善数据分析效果。

数据可视化能够使人们有效地利用数据，使用更多的数据资源，从中获取更多的有用信息，提出更好的解决方案。利用可视化分析的结果，人们能够快速地获取诸如需要注意的问题或改进的方向、不利因素、预测等问题的答案，这样一来就能最大限度地提高生产力，使信息的价值最大化。

数据可视化可以增强数据对人们的吸引力。它将枯燥的数据以数据图表的形式动态、立体地呈现出来，使读者一目了然，能够在短时间内消化和吸收数据内容，极大地提高了人们理解数据知识的效率，增强了读者的阅读兴趣。

三、数据可视化的发展历程

数据可视化源于 20 世纪 50 年代，随着计算机的出现及计算机图形学的发展，人们可以利用计算机技术在计算机屏幕上绘制出各种图形。1857 年被誉为“提灯女神”的英国护理人员弗洛伦斯·南丁格尔设计的“鸡冠花图”（又称“玫瑰图”）是数据可视化历史上的一个经典之作，它以图形的方式直观地呈现了英国在克里米亚战争期间牺牲的战士的数量和死亡原因，有力地说明了改善军队医院的医疗条件对减少战争伤亡的重要性。数据可视化的发展虽已经历数世纪之久，但依旧处在不断变革的过程中。

随着大数据时代的到来，每时每刻都有海量数据不断生成，大规模、高维度、非结构化数据层出不穷，计算机运算能力随之迅速提升，建立起规模越来越大、复杂程度越来越高的数据模型，从而构造出各种体量庞大的数据集。人类开始有意识地收集数据，用图形描绘量化信息就是人类对世界进行观察、测量和管理的需求之一。这就需要我们对数据进行及时、全面、快速、准确的分析，呈现数据背后隐藏的价值。数据可视化技术可以更好地协助我们理解和分析数据，可以将这些数据以可视化形式完美地展示出来。

可视化技术开启了全新的发展阶段。最初，可视化技术被大量应用于统计学领域，用来绘制统计图表，如圆环图、柱状图、饼图、直方图、时间序列图、等高线图、散点图等。显然，传统的可视化技术已经无法满足大数据时代的需求，因此出现了高分高清大屏幕拼接可视化技术，它具有超大画面、纯真彩色、高亮度、高分辨率等显著优势。后来，又逐步应用于地理信息系统、数据挖掘分析、商务智能工具等领域，加深用户对数字的理解，使其能更加方便地进行空间知识呈现。因而，数据可视化成为大数据分析的最后一环，而且是对用户而言最重要的一环。

第二节　大数据可视化工具

目前已经有多种数据可视化工具供用户选择，其中大部分是免费的，可以满足用户的各种数据可视化需求。面对众多数据可视化工具，到底应该选择哪一种工具取决于数据本身以及用户进行数据可视化的目的。部分工具适合用来快速浏览数据，而另一部分工具适合用于设计图表。通常情况下，将几种工具有效地结合起来使用才是最恰当的做法。

数据可视化工具主要有两大类，即可视化分析工具和可视化编程工具。前者用户可以直接通过单击或者拖拽等方式进行数据可视化；而后者需要用户调用其中的可视化工具包进行简单的代码编写，以实现数据可视化。不论哪种工具，其目的都是协助用户理解数据。

在大数据时代，数据可视化工具必须具有以下几种特征。

（1）实时简单。

数据可视化工具必须能高效地收集和分析数据，对数据信息进行实时更新，并且具有快速开发、易于操作的特性，能适应互联网时代信息多变的特点。

（2）多种数据源。

数据可视化工具在帮助用户进行可视化分析的同时应该能够方便地接入各种系统和数据文件，包括文本文件、数据库及其他外部文件。

（3）数据处理。

用户往往会在数据处理环节耗费大量时间，在大多数情况下，采集到的数据会包含许多含有噪声、不完整甚至不一致的数据，如缺少字段或者包含没有意义的值。这就要求数据可视化工具具有高效、便捷的数据处理能力，可以帮助用户快速完成这一过程，从而提高工作效率。

（4）数据分析能力。

数据可视化工具必须具有数据分析能力，用户可以通过数据可视化实现对图表的支持及扩展，并在此基础上进行数据的钻取、交互和高级分析等。

（5）协作能力。

在越来越重视团队协作的今天，用户不仅需要简单、易用、灵活的数据可视化工具，更需要一个可以实现数据共享、协同完成数据分析流程的平台，以便管理者基于该平台进行问题沟通并做出相应决策。

一、数据可视化分析工具

数据可视化分析工具是一种安装后即可使用的软件，可以让更多的用户在短时间内实现数据可视化，并快速处理数据。它能够满足大众的可视化需求，是一种常规的通用的可视化工具，支持用户通过直接单击或者拖拽等方式进行数据可视化。

（一）Microsoft Excel

Microsoft Excel 作为入门级数据可视化分析工具，是微软旗下目前最受欢迎的办公套件 Microsoft Office 的主要成员之一，具有管理、计算和自动处理数据、制作表格、绘制图表及金融管理等多种功能。它是创建电子表格并进行快速分析及数据处理的理想工具，可以自动计算表格中的整列数字，也可以根据用户输入的简单表格或者软件内置的更加复杂的公式进行其他计算，还能创建供内部使用的数据图，将数据转换成各种形式的彩色图表。

Microsoft Excel 支持通过图表、数据条和条件格式等将工作表数据转换成图片，能够达到较好的数据可视化效果，可以快速表达用户的观点，方便用户查看数据之间的差异、图案及预测趋势等，但它在颜色、线条和样式上选择的范围非常有限，因此不容易制作出符合专业出版物或网站需求的数据图。

（二）Google Spreadsheets

Google Spreadsheets 其实是 Microsoft Excel 的云版本，它们的界面相似，也都提供了标准的图表类型，只是 Google Spreadsheets 更易操作，而且是在线的。Google Spreadsheets 的数据都存储在 Google 的服务器上，用户只需登录 Google 账号就可以跨越不同的设备快速访问自己的数据，也可以通过内置的聊天和实时编辑功能进行写作，这样就可以方便地与他人分享表格、实时协作。用户可以通过 importHTML 和 importXML 函数将从网络中抓取的数据存储为需要的类型。在数据可视化方面，和 Excel 相比，Google Spreadsheets 有更多优势：其 Gadget（小工具）中提供了多种其他的图表类型，如可交互的时间序列图表、地图等，用户可以为自己的时间序列创建运动图表，数据可视化效果较好。

（三）Tableau

Tableau 是桌面系统中最简单且易操作的交互式商业智能工具之一，提供了多种交互式工具，可以从 Excel、文本文件和数据库服务器中导入数据，生成标准的时间序列图表、柱状图、饼图、基本地图等多种图形，能将数据运算与美观的图形图表完美地结合起来。Tableau 的控制台操作灵活，用户可以完全自定义配置，对于非专业用户来说，不需要进行代码编写，即可直接利用其简捷的拖放式界面自定义视图、布局、形状、颜色等，快速生成美观的图表、坐标图、仪表盘与工作表等，实现交互式和可视化，帮助用户展现自己的数据视角。

相对于Excel,Tableau不需要编程就可以对数据做更深入的分析，可以挂接动态数据源，将大量数据拖放到数字“画布”上；可以快速创建各种图表，将各种图形混合搭配形成定制视图或整合成仪表盘视图。用户可以随时关注数据动态，并能够轻松地在线发布所创建的交互图形。为此，用户必须公开自己的数据，把数据上传到Tableau服务器，所以Tableau更适合企业和部门内部进行日常数据分析的可视化。

（四）QlikView

QlikView是QlikTech（瑞典商业智能公司）的旗舰产品，也是一款完整商业智能的数据可视化分析软件，使开发者和分析者能够构建和部署具备强大分析能力的应用。QlikView的开发和使用较为简单，数据分析处理灵活且高效，可以使各种终端用户以一种高度可视化、功能强大和极富创造性的方式互动分析重要数据，但作为一款内存型的商业智能产品，在处理海量数据时，QlikView对硬件的要求较高。

QlikView是一个具有完整集成的ETL（将数据从来源端经过抽取、转换、加载至目的端的过程）工具的向导驱动的应用开发环境，包含强大的AQL（原生多模型数据库的查询语言）分析引擎，采用高度直觉化的用户操作界面，十分简单易用。QlikView不但能够让开发者从多种数据库里提取和清洗数据并建立强大、高效的应用，而且能够被Power用户（Windows中的一个用户组）、移动用户和终端用户修改后使用。当提供灵活、强大的分析能力时,AQL构架可以在不一定使用数据库的条件下改变需要OLAP的需求。

QlikView是一种可升级的解决方案，它完全利用了基础硬件平台，采用上亿的数据记录进行业务分析。

QlikView 由四部分组成，即开发工具（QlikView Local Client）、服务器组件（QlikView Server）、发布组件（QlikView Publisher）和其他应用接口（SAP、Salesforce、Informatica）。服务器支持多种方式发布如 Ajax（一种创建交互式网页应用的网页开发技术）客户端、ActiveX（一种基于微软 COM 技术的多媒体组件软件）客户端，还可以与其他 CS（客户机和服务器结构）或 BS（浏览器和服务器结构）系统进行集成。

（五）Power BI

Power BI 是微软为 Office（办公）组件提供的一套商业智能增强版业务分析工具，通过这些功能使用户具备自助分析自己的所有有价值数据的能力。

Power BI 由以下组件和服务构成，即查询增强版（Power Query）、建模增强版（Power Pivot）、视图增强版（Power View）、地图增强版（Power Map）、商业智能增强版网站、商业智能 Q&A、查询和数据化管理、商业智能增强版 Windows App Store 和 IT 基础设施服务。

Power BI 通过其所包含的组件和服务可以轻松地连接数百个公众或企业数据源，直接在 Excel 中创建复杂的数据模型、创建报表和交互式数据可视化分析视图，体验 3D（三维空间）地图标注地理空间数据；可以分享、查看并与 BI 网站进行互动，可以使用日常用语去发现、挖掘并上报用户数据，分享、管理、查询数据的来源。

二、可视化编程工具

在使用可视化分析工具时，用户要想从中获取新的特征或方法，就必须等开发人员实现工具的更新，这极大地限制了用户对数据更深层次的理解，因此出现了一大批可编程的可视化工具。用户通过调用可视化编程工具包，可以编写程序生成个性化的数据图表，而且程序与结果的调整是同步进行的。

（一）R 语言

R 是用于统计分析、绘图的语言和操作环境。R 是属于 GNU 系统的一个自由、免费、开放源代码的软件，它是一款用于统计计算和统计制图的优秀工具。R 有 Unix（一种开发平台和台式操作系统）、Linux、macOS（苹果操作系统）和 Windows 版本，都可以免费下载和使用。R 是一套完整的数据处理、计算和制图软件系统，是大多数统计学家和数据挖掘者最中意的用于开发统计和数据分析的分析软件。

R 语言具有强大的图形功能，它可以在基础分发包之上通过第三方插件库和加载配置资源项轻松实现扩展。其基础绘图函数功能强大、灵活且可定制性强，扩展包可以绘制复杂的图形，使得统计学绘图（和分析）操作变得更为简单方便，如 ggplot2、ggpubr、Recharts、Ggmap、NetworkD3、Aplpack 等。

ggplot2 是 R 语言中最常用的一款功能强大且灵活的图形可视化工具包，它提供了一个全面的、基于语法的、连贯一致的绘图系统，可以创建出新颖的、有创新性的数据可视化图形，定制化程度高，而且作图方式简单易懂。

ggpubr 是基于 ggplot2 的可视化工具包，用于绘制符合要求的图形。它使初学者能够较容易地创建易于发布的图表，并能自动在图形中添加一些元素，而且能轻松地在同一页面上排列和注释多个图表，并更改颜色和标签等参数。

Recharts 是开发者根据 ECharts2 开发的一个 R 语言接口，它使用户可以用 R 语言实现 Echarts 作图。

Ggmap 包在 ggplot2 包的基础上创建基于 OpenStreetMap（开放街道地图）、谷歌地图及其他地图的空间数据可视化工具，其语法结构与 ggplot2 非常相似，与 ggplot2 结合使用可方便快捷地绘制基于地图的可视化图表。

NetworkD3 工具包可以创建出基于 HTMLwidgets（R 语言中的一个包）框架的带有节点和边的网络图。NetworkD3 支持三种类型的网络图的绘制：①力导向图，显示复杂的网络划分关系；②桑基图，展现分类维度间的相关性；③树形图，可以把一个树形结构的数据以紧凑、分层且不重叠的形式展示出来。

Aplpack 包中的 faces（脸谱）函数可以绘制脸谱图，脸谱图可以用来分析多维度数据，用人脸部位的形状或大小来表征多个维度的数据。脸谱图在平面上能够形象地表示多维数据，并给人以直观的印象，可帮助使用者形象地记忆分析结果，提高判断能力，加快分析速度。

（二）JavaScript、HTML、SVG 和 CSS

在可视化方面，很多软件都是基于 Web 端，随着 Web 浏览器的运行速度越来越快，功能也越来越完善，人们越来越依赖浏览器，可视化方式也有了相应的转变，借助 HTML、JavaScript 和 CSS（层叠样式表），可直接在浏览器中运行可视化展现的程序。

JavaScript 可以用来控制 HTML，具有很大的灵活性，提供了大量选项以便用户做出想要的各种效果。除了可缩放矢量图形（SVG）之外，一些功能强大的工具包和函数库还可以帮助用户快速创建交互式和静态的可视化图形。例如：jQuery（一个快速、简洁的 JavaScript 框架）库能让编程更加高效，且代码更易读；jQuery sparklines（图表）可以通过 JavaScript 生成静态及动画的微线图；Protovis 是一个专门用于可视化的 JavaScript 库；Google Charts（一个基于 JavaScript 的图表库）只需修改 URL 即可动态创建传统形式的图表。

（三）Processing

Processing 是一门适合于设计师及数据艺术家的开源编程语言，是 Java 语言的延伸，支持许多现有 Java 语言架构，只是在语法上做了简化，并有许多贴心及人性化的设计。Processing 可以在 Windows、MACOSX（苹果操作系统 MacOS 的最新版本）、Mac OS 9（苹果 Classic Mac OS 系列的最后一个主版本）、Linux 等操作系统上使用。

Processing 具有一个简单的接口、一种功能强大的语言以及一套丰富的用于数据及应用程序导出的机制。它是一个轻量级的编程环境，用户能够很快上手，只需几行代码就能创建出带有动画和交互功能的图形。用户可依照自身需要自由裁剪出最合适的使用模式，这样的设计使所有用户的互动性与学习效率大幅增加。

（四）Flash 和 ActionScript

目前网络上大多数动画数据图都是通过 Flash 和 ActionScript（一种完全的面向对象的编程语言）开发的。Flash 是一款所见即所得的软件，用户可以直接用它来设计图形，在 ActionScript 的帮助下，Flash 可以更好地控制交互行为。现在很多应用都不是在 Flash 环境下完全用 ActionScript 编写，但其中的代码还是作为 Flash 应用进行编译。虽然有很多 ActionScript 函数库是免费的、开源的，但 Flash 软件和编译器的价格仍比较高。

（五）Python

Python 是一门跨平台、开源、免费的通用型面向对象的解释型高级动态编程语言。它拥有高级数据结构，语法简洁清晰、干净易读，能够用简单又高效的方式进行编程。Python 支持伪编译，可以将 Python 源程序转换为字节码来优化程序和提高运行速度。Python 语言具有以下优点：①拥有大量成熟的扩展库；②善于处理大批量的数据，性能良好，不会造成宕机；③可以把多种不同语言编写的程序融合起来实现无缝拼接，更好地发挥不同语言和工具的优势，以满足不同应用领域的需求；④尤其适合繁杂的计算和分析工作。

目前 Python 有很多支持数据图形创建的扩展库，如 Matplotlib、Pandas、Seaborn、Ggplot、Bokeh 等。

Matplotlib 是 Python 中比较常用的绘图库，可以快速地将计算结果以不同类型的图形形式展示出来。Matplotlib 模块依赖于 NumPy（一个免费的开源 Python 库）模块和 Tkinter（Python 自带的图形用户界面库）模块，通过几行简单的代码就可以轻松绘制出线图、直方图、功率谱、条形图、散点图等可视化图形。

Pandas 是基于 NumPy 的数据分析模块，提供大量标准数据模型以及高效操作大型数据集所需要的工具，可以结合 Matplotlib 展现其绘图能力，实现数据可视化。

Seaborn 是 Python 的高水平绘图库，使复杂的图表创建过程得以简化。Seaborn 是基于 Matplotlib 产生的模块，专注于统计可视化，可以用来绘制特定类型的图，也可以和 Pandas 进行无缝链接。

Ggplot 是基于图形语法的 Python 绘图系统，能够用更少的代码绘制更专业的图形。它使用一个高级且富有表现力的 API 来实现线、点等元素的添加，颜色的更改等不同类型的可视化组件的组合或添加，而不需要重复使用相同的代码。Ggplot 与 Pandas 联系紧密。

Bokeh 是 Python 中的交互式可视化库。Bokeh 提供的最佳功能是针对现代 Web 浏览器进行演示的高度交互式图形和绘图，这是它与其他可视化库最核心的区别。它不依赖于 Matplotlib，其目标是提供优雅、简洁、新颖的图形化风格，同时提供大型数据集的高性能交互功能，使用户可以快速、便捷地创建交互式绘图、仪表板和数据应用程序等。

（六）PHP

PHP 作为一种流行的编程语言，也提供了丰富的数据可视化工具。PHP 适用于 Web 编程，它在语法上吸收了 C 语言、Java 和 Perl 的特点，便于学习，使用广泛。现在大部分 Web 服务器都预安装了 PHP 的开源软件，因此要想着手写 PHP 是非常容易的。PHP 通常与 MySQL 等数据库结合使用，适用于处理大型数据集。PHP 还有非常灵活的图形库，能帮助用户从无到有地创建图形，或者修改已有图形。另外，还有很多 PHP 图形函数库，能帮助用户创建各类基本图表。例如，Sparkline（微线表）库允许用户在文本中嵌入小字号的微型图表，或者在数字表格中添加视觉元素。

第三节　大数据可视化应用

近年来，数据可视化技术的应用已经不再局限于传统的国家级研究中心、高水平的大学和大型企业的研发中心，而已扩展到科学研究、军事、医学、经济、工程技术、金融、通信和商业等各个领域。下面简单介绍大数据可视化几种典型的应用领域。

一、可视化在医学上的应用

医学信息可视化已成为信息可视化研究中最为活跃的研究领域之一。数据可视化医学领域的主要表现形式为医学图像数据的可视化。医学图像数据的可视化是一种利用现代计算机技术将收集到的二维医学图像数据重构成物体的三维图像的技术，最早起源于 1989 年美国国家医学图书馆提出的“可视化人体计划（Visible Human Project）”，该项目开启了医学数据可视化的序幕。2002 年，我国首例人体可视化数据集在第三军医大学通过试验获得。近年来，医学图像可视化技术的发展已经趋于成熟。

在临床诊断中，传统的电子计算机断层扫描（CT）、磁共振成像（MRI）和正电子发射计算机断层扫描（PET）技术只能形成病变组织或器官的二维图像，医生常常根据自身经验对这些二维图像进行分析，并据此制定具体治疗方案。随着医学可视化技术的产生与发展，医生将收集到的病人有关部位的一组二维医学图像，通过计算机重构技术生成人体病变组织或器官的三维图像，从三维图像中可以看到人体内部的真实结构，从而精准地定位病变组织，再通过人机交互从不同角度、多个层次分析人体病变组织或器官，确定病灶，由此制定更加合理的手术方案，这项技术大大提高了手术的成功率。通过这种手段获得的三维医学图像对临床应用具有极高的实用价值。

目前，医学图像可视化已经应用到手术仿真、外科整形、放射治疗、仿真内镜及临床解剖教学等多个医学领域。

二、可视化在金融行业的应用

在互联网金融激烈的竞争形势下，金融市场形势瞬息万变，金融行业面临诸多挑战。金融行业每时每刻都有海量的数据产生，金融数据多来自电子商务网站、顾客来访记录、商场消费信息等渠道。通过金融数据可视化可以使企业更快速、更便捷地实时掌控企业的日常业务动态、客户数量和借贷金额等客户的全方位信息，可以帮助金融机构加强市场监督和管理，提升企业决策效率、实现精准营销服务、增强风控管理能力。通过对核心数据进行多维度的分析和对比，可以指导公司科学调整运营策略、制定发展方向，不断提高公司的风控管理能力和竞争力，为企业发展带来不可估量的效益。

三、可视化在电信行业的应用

随着通信技术的不断发展，电信行业大数据时代的到来也成为运营商千载难逢的发展机遇，电信运营商从传统的商业运营模式转向数据资产运营模式成为一种必然趋势。作为电信数据的持有者，电信运营商拥有的海量用户的身份、消费、位置、社交和喜好等数据是其他企业无法企及的优势。面对如此多样化的数据，电信行业能否对其进行有效利用和分析是影响市场竞争的关键。通过对大量数据的处理分析，可以帮助电信运营商进行合理决策，可视化技术在其中起到了十分重要的作用。

数据可视化对于电信业务的规划和实施有着十分重要的意义。例如，运营商在进行网络规划之前必须对周边环境进行全面分析，而可视化技术可以从三维空间的角度呈现施工项目周边的人口、建筑物、商业区、行政区和住宅区的分布情况。

通过利用可视化技术对海量用户数据进行分析，运营商可以了解用户的消费习惯和生活方式，建立合理的客户价值评估模型，通过分析比较实现客户分群。根据不同客户群准确定位客户的消费需求，主动营销，依此实现精准化、个性化的营销服务。

在通信行业竞争激烈的时代，手机用户数量已基本饱和，维护老用户比获取新用户成本更低。通过对用户数据进行分析，区分出哪些是高价值用户，哪些是低价值用户，如将那些使用通话和流量比较多、套餐金额比较大的用户定义为高价值用户，运营商可以将工作重点放在这些用户上，并采取相应的运营策略预防此类用户流失。对于流失用户，可以分析造成其流失的主要原因，是用户对优惠福利不满意还是竞争对手在某些方面比自己有优势，然后据此采取不同的营销策略挽留用户，以实现企业利润的最大化。

第四节　大数据可视化面临的挑战

按任务分类的数据类型有助于人们理解问题的范围，但要成功地创建工具，数据可视化的研究人员仍面临很大挑战。

一、导入和清理数据

决定如何组织输入数据以获得期望的结果所做的思考和工作往往比预期的要多。使数据有正确的格式、滤掉不正确的条目、使属性值规格化、处理丢失的数据也是繁重的任务。

二、将视觉表示与文本标签相结合

视觉表示是强有力的，但有意义的文本标签能起到很重要的作用。标签应该是可见的，不应遮盖其显示或使用户产生困惑。屏幕提示和偏心标签等用户控制方法通常会有所帮助。

三、查看大量数据

数据可视化面临的一般挑战是处理大量的数据。很多创新的原型仅能处理几千个条目，或者当处理数量更多的条目时难以保持实时交互性。显示数百万个条目的动态可视化表明，数据可视化尚未达到人类视觉能力的极限，用户控制的聚合机制将进一步突破性能极限。较大的显示器通常会有所帮助，因为额外的像素使用户能够看到更多的细节，同时保持合理的概览。

四、集成数据挖掘

数据可视化和数据挖掘起源于两条独立的研究路线。

数据可视化的研究人员相信，让用户的视觉系统引导他们形成假设的重要性；数据挖掘的研究人员则相信，能够依赖统计算法和机器学习来发现有趣的模式。一些消费者的购买模式，诸如商品选择之间的相关性，适当可视化就会凸显出来。统计试验有助于发现顾客购买产品的需要或者人口统计连接方面的更微妙的趋势。研究人员正在努力地将这两种方法结合起来。就其客观本性来说，统计汇总是有吸引力的，但它能够隐藏异常值或不连续性（像冰点或沸点）。

此外，数据挖掘可能把用户指引到数据的更有趣的部分，而且这些数据通过视觉能够检查。

五、与他人协同

发现是一个复杂的过程，它依赖于知道要寻找什么、通过与他人协同来验证假设，以及注意异常和使其他人相信发现的意义。因为对社交过程的支持对数据可视化是至关重要的，所以软件工具应该使得记录当前状态、加注释和把数据发送给同事或张贴到网站上更便捷。

六、实现普遍可用性

要想数据可视化工具获得广泛使用，必须使该工具能够被多种用户使用而不论他们的生活背景、工作背景、学习背景或技术背景如何，对设计人员来说这是一项巨大的挑战。

七、评估

数据可视化系统是十分复杂的。分析不是一个孤立的短期过程，用户可能需要长期地从不同视角查看相同的数据。用户或许还能阐述和回答他们在查看可视化之前未预料到的问题（使得难以使用典型的实证研究技术），而受试者被征募来短期从事所承担的任务。虽然最后发现能够产生巨大的影响，但它们极少发生且不太可能在研究过程中被观察到。基于洞察力的研究是第一步。案例研究报告在其自然环境中完成真实任务的用户，他们能够描述发现、用户之间的协同、数据清理的挫折和数据探索的兴奋，并且他们能报告使用频率和获得的收益。案例研究的不足之处在于，它们非常耗费时间且可能不是可重复使用的或者无法应用于其他领域。

7

第七章

大数据时代的安全与隐私保护

第一节　大数据安全

当今社会进入了数据爆炸的时代，数据逐渐成为企业最重要的资产，数据处理能力成为企业乃至国家综合能力的重要象征。对大数据的处理不再是采取传统的随机采样方式，而是对全部数据进行分析预测。大数据与云计算联系紧密，大数据依托于分布式处理、云存储、虚拟化技术等云计算技术，这些特征对大数据安全提出了更高的要求。大数据安全伴随着数据处理的整个生命周期。大数据安全不仅局限于数据领域，对以大数据为基础的智能服务同样重要。

一、大数据安全的基本概念

大数据时代来临，各行业数据规模呈 TB 级增长，拥有高价值数据源的企业在大数据产业链中占有至关重要的地位。在实现大数据集成后，如何确保网络数据的完整性、可用性和保密性，使其不受到信息泄露和非法篡改的安全威胁，已成为政府机构、事业单位信息化健康发展需要考虑的核心问题。

大数据安全包含两个层面的含义：其一，保障大数据安全，是指保障大数据计算过程、数据形态、应用价值的处理技术；其二，大数据用于安全领域，是指利用大数据技术提升信息系统安全效能和能力的方法，涉及如何解决信息系统安全问题。

（一）大数据安全标准

大数据安全标准是应对大数据安全需求的重要抓手。基于对大数据安全风险和挑战的综合分析、当前大数据技术和应用发展现状以及当前我国对大数据安全合规方面的要求，提出以下 5 个方面的大数据安全标准化需求。

（1）规范大数据安全相关术语和框架。

（2）为大数据平台安全建设、安全运维提供标准支撑。

（3）为数据生命周期管理各个环节提供安全管理标准。

（4）为大数据服务安全管理提供安全标准支撑。

（5）为行业大数据应用的安全和健康发展提供标准支撑。

（二）大数据安全体系

大数据安全体系分为 5 个层次，即周边安全、数据安全、访问安全、访问行为可见、错误处理和异常管理。具体说明如下。

（1）周边安全技术，即传统意义上的网络安全技术，如防火墙技术等。

（2）数据安全包括对数据的加解密，又可细分为存储加密和传输加密；此外，还包括数据脱敏。

（3）访问安全主要包括用户认证和用户授权两个方面。

①用户认证（authentication），即对用户身份进行核对，确认用户即其声明的身份，这里包括用户认证和服务认证。

②用户授权（authorization），即权限控制，对特定资源、特定访问用户进行授权或拒绝访问。用户授权建立在用户认证的基础上，没有可靠的用户认证也就谈不上用户授权。

（4）访问行为可见多指记录用户对系统的访问行为（审计和日志），

如查看哪个文件；运行了哪些查询。访问行为监控一方面是为了进行实时报警，迅速处置危险的访问行为；另一方面是为了事后调查取证，从长期的数据访问行为中分析定位特定的目的。

（5）错误处理和异常管理主要是针对错误发现，一般做法是建立并逐步完善监控系统，对可能发生或已发生的情况进行预警或者告警；此外，还包括异常攻击事件监测。目前发现的针对攻击的办法如下。

①攻击链分析，按照威胁检测的时间进行分析，描述攻击链条。

②相同类型的攻击事件进行合并统计。

③异常流量学习正常访问流量，流量异常时进行告警。

（三）大数据安全防护技术

大数据应用的系统性安全防护需要的关键技术主要涉及大数据真实性标记与验证、大数据隐私保护、大数据访问控制、大数据安全计算、大数据存储加密、大数据存储保护和大数据传输保护等。

（四）大数据安全治理体系

大数据的出现颠覆了传统的数据管理方式：大数据时代不仅要提供系统化的基础环境管理能力,而且在数据安全访问控制、安全审计、安全监控等方面面临着更大的挑战。大数据安全治理体系是解决大数据安全问题的主要手段,是大数据安全的重要保障。建立大数据安全治理体系需要从数据边界安全、访问控制和授权、数据保护和审计监控等层次进行。

数据安全防护任重道远,只有将有效的技术手段和相关的管理措施相结合,才能从根本上解决数据安全和数据泄露的防护问题。在进攻和防守永无止境的今天,只有不断地进行技术创新、管理创新,才能最终有效地保障数据安全。

（五）大数据安全应用

在大数据时代，没有什么比数据安全应用更为重要。大数据安全应用展开所依托的大数据基础平台、业务应用平台及其安全防护技术、平台安全运行维护技术，具体包括安全技术与机制应用、系统平台安全应用和安全运维应用 3 个部分。

（1）安全技术与机制应用。

安全技术与机制应用类标准主要涉及大数据安全相关技术、机制方面的标准，包括分布式安全计算、安全存储、数据溯源、密钥服务、细粒度审计等技术和机制。这些技术、机制的标准化工作，有利于经过实践检验的技术、机制的推广应用，从而整体提升了大数据安全水平。

（2）系统平台安全应用。

系统平台安全应用类标准主要涉及大数据平台系统建设和交付相关的安全标准，为大数据安全运行提供基础保障，主要包括基础设施、网络系统、数据采集、数据存储、数据处理等多个层次的安全技术防护。

（3）安全运维应用。

安全运维应用类标准主要涉及大数据安全运行相关的安全标准，针对大数据运行过程中可能发生的各种事件和风险做好事前、事中、事后的安全保障，包括大数据系统运行维护过程中的风险管理、系统测评等技术标准。

二、云安全与大数据安全

随着数据规模的不断扩大，大数据技术的应用场景越来越广。大数据的处理需要借助云计算的强大计算和存储能力，同时也带来了更多的云安全问题。

（一）云安全的定义

“云安全”（Cloud Security）是继“云计算”“云存储”之后出现的“云”技术的重要应用，是传统 IT 领域安全概念在云计算时代的延伸，已经在反病毒软件中取得了广泛的应用，且达到了良好的效果，在病毒与反病毒软件的技术竞争中为反病毒软件夺得了先机。云安全是我国企业创造的概念，在国际云计算领域独树一帜。

云安全计划是网络时代信息安全的最新体现，它融合了并行处理、网格计算、未知病毒行为判断等新兴技术和概念，通过网状的大量客户端对网络中软件行为的异常监测，获取互联网中木马、恶意程序的最新信息，并将其推送到服务器端进行自动分析和处理，再将病毒和木马的解决方案分发到每一个客户端。

（二）云安全与大数据安全的关系

大数据安全是基于大数据的安全，整体来说，就是基于收集的网络、主机侧的日志，通过机器学习等分析手段达到整体上分析安全入侵行为及整体安全状况的目的。这是未来云安全发展的方向。

“云安全”的概念有两个：一是基于“云”的安全，也就是基于“云”端强大的计算、带宽等能力来提供安全服务。目前主要是 Anti-DDoS（流量清洗服务）和 WAF（Web 应用防护系统），国外有 Cloudflare（全球内容分发网络和网络安全公司）、Akamai（全球内容分发网络服务提供商），国内有安全宝、加速乐，相当于将客户业务接入安全的“云”，流量先经过安全的“云”，再回到客户源站。长远来看，这是未来网络安全发展的大趋势，因为本地的硬件盒子有所限制——受到自身处理能力和所在 IDC 资源的限制，但是在“云”端就完全没有限制。另外，基于“云”的 Anti-DDoS 和 WAF 产品的规则更新、系统维护都在安全服务提供商侧，能够快速响应客户需求。二是云平台自身的安全，可能更多的是传统安全的防入侵，云平台自身的 Anti-DDoS 等是传统安全层面的内容，会随着安全的发展而发展。

云安全是保障大数据安全的前提。大数据操作是基于一系列 IT 设备进行的，因此，保障 IT 设备正常运行是保障大数据安全的前提条件。要挖掘大数据这一富矿，就需要以计算机的变换挖掘、分析评估为基础，建立庞大的数据交易所，建立各种各样的大数据科学循环系统。

三、大数据安全技术分类

大数据安全技术可以分为大数据安全审计、大数据脱敏系统、大数据脆弱性检测、大数据资产梳理、大数据应用访问控制 5 类，下面对这 5 种安全技术做简单的介绍。

（一）大数据安全审计

大数据安全审计即大数据平台组件行为审计，将主、客体的操作行为形成详细日志，包含用户名、IP、操作、资源、访问类型、时间、授权结果、具体设计新建事件概括、风险事件、报表管理、系统维护、规则管理、日志检索等功能。

（二）大数据脱敏系统

针对大数据存储数据全表或者字段进行敏感信息脱敏、启动数据脱敏不需要读取大数据组件的任何内容，只需配置相应的脱敏策略即可。

（三）大数据脆弱性检测

大数据脆弱性检测包括大数据平台组件周期性漏洞扫描和基线检

测，扫描大数据平台漏洞及基线配置安全隐患，包含风险展示、脆弱性检测、报表管理和知识库等功能模块。

（四）大数据资产梳理

大数据资产梳理能够自动识别敏感数据，并对敏感数据进行分类，启用敏感数据发现策略不会更改大数据组件的任何内容。

（五）大数据应用访问控制

大数据应用访问控制能够对大数据平台账户进行统一管控和集中授权管理，为用户和应用程序提供细粒度级的授权及访问控制功能。

四、大数据安全管理体系架构

大数据安全管理体系需要打造一个统一的平台，通过分层建设、分级防护实现平台功能及应用的可成长、可扩充，创建面向大数据的安全管理体系系统框架。

（一）大数据安全管理体系架构

大数据安全管理体系架构自下而上分为数据分析层、敏感数据隔离交换层、数据防泄露层、数据加密层、数据库监控与加固层，组成了完善的数据标准体系和安全管理体系。

（二）大数据安全管理体系平台实现技术

大数据安全管理体系平台实现技术具体介绍如下。

1. 数据分析层

以安全对象管理为基础，以风险管理为核心，以安全事件为主线，运用实时关联分析技术（如 Hadoop、Spark、MapReduce 等）、智能推理技术和风险管理技术，通过对海量信息数据进行深度归一化分析，结合有效的网络监控管理、安全预警响应和工单处理等功能，实现对数据安全信息的深度解析，最终帮助企业实现整网安全风险态势的统一分析和管理。

2. 敏感数据隔离交换层

利用深度内容识别技术，首先对用户定义为敏感、涉密的数据进行特征提取，可以包括非结构化数据、结构化数据、二进制文件等，形成敏感数据特征库，当有新的文件需要传输时，系统会对新文件进行实时的特征比对，禁止传输敏感数据。通过管理中心统一下发策略，可以利用用户名和口令主动获取存储敏感数据的服务器或者文件夹中的数据，对相关的文件数据进行检测，并根据检测结果进行处置。

3. 数据防泄露层

为避免敏感数据在传输过程中泄露可采用下列手段。

（1）数据控制类技术。

数据控制类技术主要采用软件控制、端口控制等手段对计算机的各种端口和应用实施严格的控制和审计，对数据的访问、传输及推理进行严格的控制和管理。利用深度内容识别的关键技术进行发送人和接收人的身份检测、文件类型检测、文件名检测和文件大小检测等，以实现敏感数据在传输过程中的有效管控，定时检查、事件安全事后审计，防止未经允许的数据信息被泄露，以保障数据资产可控、可信、可充分利用。

（2）数据过滤类技术。

在网络出口处部署数据过滤设备，分析常见的网络协议（如 HTTP、TCP、POP3、FTP、即时通信等），对所涉及的上述协议的内容进行分析和过滤，设置过滤规则和关键字，过滤出相关内容，以防止敏感数据泄露。

4. 数据加密层

为了保证大数据在传输过程中的安全性，需要对信息数据进行相应的加密处理。通过数据加密系统对要上传的数据流进行加密，而要下载的数据同样要经过对应的解密系统才能查看。因此，需要在客户端和服务端分别设置统一的文件加解密系统，以便对传输数据进行加解密处理。同时，为了增强其安全性，应该将密钥与加密数据分开存放。借鉴Linux系统中Shadow文件的作用，该文件实现了口令信息和账户信息的分离，在账户信息库中的口令字段只用一个“x”作为标识，不再存放口令信息。

5. 数据库监控与加固层

数据库监控与加固的核心技术为数据库状态监控、数据库审计、数据库风险扫描、数据库防火墙和数据库透明加密技术。通过构建数据库监控与加固平台，以“第三者”的角度观察和记录网络中对数据库的一切访问行为，从源头上保护数据，建立纵深防护体系。

第二节　大数据隐私保护

大数据的出现使得我们可以更加深入地探究人类社会，提高生产效率，改善人民生活质量；但是大数据也给个人隐私带来了严峻挑战。为了保护个人隐私，我们需要认真面对大数据时代的隐私保护问题。

一、大数据隐私保护的意义和重要作用

在计算机网络领域，个人隐私问题是人们关注已久的问题。大数据时代的到来，使得这一问题的弊端更加显著，影响更大。

（一）大数据隐私保护的意义

大数据的收集、处理与应用完全是基于互联网进行的，而互联网与传统信息传播渠道具有显著的区别，具有大众传播方式与人际传播方式的很多特点，如交互性、及时性、多元性等特点；但是由于网络环境中的每个人都是虚拟存在的，信息传播在某种意义上是匿名传播的过程，具有非常隐蔽的特点。网络环境中的信息传递特点使得对于个人隐私的侵权行为产生了很多变化，与传统的侵权行为相比，手段更加智能、隐蔽，侵权的行为方式更加多样化，侵权客体的范畴更大，能够造成更加严重、恶劣的影响。在大数据时代，传统的个人隐私保护手段如告知与许可、模糊化与匿名化被逐渐破坏。

（二）大数据隐私保护的重要作用

大数据隐私保护成为广大互联网用户日益关注的问题，造成隐私泄露的原因主要有以下 4 项。

（1）用户信息安全意识淡薄或技能不强，从而造成个人隐私泄露、个人意识外泄，包括自愿或被迫泄密。

自愿是指网络用户为了一些利益而自愿暴露自己的隐私数据。被迫是指在社会群体中，个人不得不面临一次次的“泄密”隐患：不填写居民身份证号、真实姓名，就办不了银行卡、上不了网游、买不了手机卡；不填写个人资料，就无法注册聊天工具、论坛、博客；不填写工作经验、学历、薪金等，就无法提交招聘申请表格；等等。互联网是一个开放虚拟的平台，不管是申请注册，还是进行网上购物都需要填写个人基本信息。每个人每年都面临着几次、十几次甚至更多次小心翼翼填写个人信息表的情形，对方如何处理这些表格中的个人信息，却从来无法跟踪到底。这些都是用户的真实信息，一旦这些信息被一些别有用心的人利用，就会导致个人隐私信息被恶意发布，甚至被用来实施恐吓或威胁。

（2）网站及企业机构收集个人信息。

部分网站和商家把从网上收集到的个人信息存放在专门的数据库中进行数据整理、分析、挖掘，从而实现商业价值的再利用，甚至将用户的个人资料转让、出卖给其他公司。侵犯个人隐私行为在当前社会已经不仅是对他人强烈好奇心的体现，而是一种商业利益的驱使，个人资料中具有巨大的商业价值，因而会被收集、利用，甚至是买卖。

（3）“黑客”入侵计算机系统获取个人信息。

由于所使用的信息系统或信息安全产品防护能力不够强（缺乏完善的保护机制），给计算机“黑客”等攻击者留下了窃取用户隐私的机会，网站服务器易被“黑客”侵入窃取用户私人信息，并以此牟利。

（4）发布数据的信息披露。

信息披露也是发布数据的研究重点。由于数据保护和发布机制不完善，一些别有用心者针对发布数据进行分析、挖掘和推理，造成发布数据的个人信息泄露。

正因如此，隐私保护才显得至关重要。在这种情况下，根据大数据时代信息传播的特点分析个人隐私权利侵害行为的产生与方式具有非常重要的意义。

二、大数据隐私保护面临的问题与挑战

大数据时代，数据的收集、存储、分析和利用已经渗透到我们生活的方方面面，然而这种前所未有的信息流动也给个人隐私保护带来了诸多问题与挑战。

（一）大数据隐私保护面临的主要问题

个人隐私中往往包含具有重要价值的信息，如果这些信息被他人获得，可能给个人造成经济损失、名誉损失或精神损失，因此隐私成为个人希望保护的信息。然而，正是由于这些信息的重要价值，使其成为一些心怀不轨的人垂涎的猎物，尤其是在网络时代，数据信息的传播、复制达到了前所未有的便利程度，这就使得个人隐私面临着前所未有的巨大泄露风险。

为了清楚地认识众多隐私数据面临的安全威胁，本文将隐私面临的主要威胁（泄露途径）归纳为 4 种类型，包括未经许可的访问、网络传输的泄露、公开数据的（分析）挖掘、“人肉搜索”。

1. 未经许可的访问

未经许可的访问是指存储在本地或远程的个人数据被未经授权的

访问所获取，这些访问可能是来自外部绕过安全机制的攻击，也可能是来自内部疏于管理的漏洞。例如，存放在本地计算机的用户文件被“黑客”窃取，用户的操作被木马记录下来并传递给控制者，存储公司员工个人资料的数据库服务器暴露在不受保护的网络环境中，网络管理员违规查看数据库记录，等等。这种类型的隐私泄露源于计算机安全措施匮乏，没有采取足够的主动保护本机或服务数据存取安全的手段，导致产生了大量的安全漏洞，不仅造成信息泄露，还可能造成信息被篡改。

2. 网络传输的泄露

网络传输的泄露是指含有个人隐私的数据在网络传输过程中被窃取。例如，在使用即时通信工具时双方的通信被嗅探器截获，收发电子邮件时邮件内容被网关非法保留，传输个人文件的 TCP/IP（传输控制协议/网际协议）链接被会话劫持，登录网上银行却被伪装成该网上银行的钓鱼网站蒙骗，等等。网络传输中的隐私泄露与“未经许可的访问”情形不同，由于网络传输具有公开性，因而我们无法阻止他人获得传输数据，但可以通过加密手段避免传输明文数据，以防止他人获得传输数据后将其重组成有意义的数据。

3. 公开数据的（分析）挖掘

公开数据的（分析）挖掘是指在数据发布中个人隐私被泄露。例如：未经模糊处理发布的医疗记录情况；在发布经过隐去姓名处理的住房交易信息时，通过联系方式可以确定住房拥有者；等等。这类隐私泄露是在公众均可获得明文数据的情况下发生的。一般情况下，网络中发布的数据都经过了模糊处理或匿名处理，但别有用心的人（入侵者）仍可以通过被公布数据之间甚至之外的信息准确推测出个人隐私信息，这就需要在发布包含隐私信息的数据时采取更可靠同时能保留公布数据可用性的数据匿名技术。

4. “人肉搜索”

“人肉搜索”是指利用人工参与来搜索信息的一种机制，实际上就是通过其他人来搜索自己搜不到的内容，更加强调搜索过程中的互动。当用户的疑问在搜索引擎中无法得到解答时，就会试图通过其他渠道来寻找答案，或者通过人与人之间的沟通交流来寻求答案。与百度、谷歌等搜索技术不同，“人肉搜索”更多是利用人工参与来提纯搜索引擎提供的信息。“人肉搜索”会泄露个人网络隐私，目前已呈现出多样化态势。在使用“人肉搜索”查找事实真相的同时，“人肉搜索”也侵犯了当事人的个人隐私权，如将公布当事人的联系方式、照片、家庭地址、居民身份证号码、婚姻情况、职业、教育程度、收入状况、个人健康医疗信息、股东账号等个人隐私信息。

“人肉搜索”现象从某种程度上来说也是一种公民行使监督权、批评权的体现，其积极价值有以下两点：一是有利于个人情绪的平衡，二是有利于社会稳定。“人肉搜索”现象的出现，有利于网络社会的德治与现实社会的法治的结合，能使德治和法治双管齐下，社会更加稳定。

“人肉搜索”作为一种新的网络现象，如果使用不当，很容易产生严重的隐私泄露及网络暴力等消极影响。由于“人肉搜索”的被搜索对象的个人隐私被毫无保留地公布，被搜索对象所面对的不仅是网民在网络上的口诛笔伐，甚至在现实生活中也会遭受人身攻击和伤害。因此，如果“人肉搜索”超越了网络道德和网络文明所能承受的限度，就可能演变成网民集体演绎网络暴力非常态行为的舞台，侵犯被搜索对象的个人隐私权等相关权益，失去“人肉搜索”所具备的正当网络舆论监督的作用。

“人肉搜索”处于互联网规范与现实社会法律监管的“真空”地带，多年来因事件频发引起了社会各界的广泛关注。若“人肉搜索”行为超出了法律的底线，侵害了被搜索对象的隐私权，将构成侵权行为。

（二）大数据隐私保护面临的挑战

大数据是当今计算机科学面临的新的计算环境，而隐私保护又是其中极其重要的问题。在大数据隐私保护研究中存在诸多问题与挑战。

1. 隐私度量问题

隐私是个主观概念，会根据不同的人、不同的时间而有所不同，因此难以对其进行精确的定义和度量。隐私问题是一个具有挑战性的基础性问题，不仅需要技术方面的努力，也需要在社会学和心理学方面展开相应研究。

2. 理论框架问题

目前有数据聚类方法和差分隐私保护理论框架，但由于数据聚类隐私保护方法（如k-匿名等）存在一定的局限性，目前在实际应用中采用差分隐私保护方法。在大数据时代能否研究出新的具有开创性的隐私研究理论基础，将是另一项严峻挑战。

3. 算法的可扩展性

目前存在的一些机制和策略处理数据量大的数据库时主要是采用分治法，但是大数据的规模远比这种数据库要大，设计可扩展性算法实现隐私保护也是一项严峻挑战。

4. 数据资源的异构性

可用的隐私保护算法几乎都是面向同构数据（Homogeneous Data）的，类似于数据库中的记录，但是实际上大数据的数据源都是异构数据（Heterogeneous Data）。以高效的方式处理异构大数据显然是隐私保护面临的另一项挑战。

5. 隐私保护算法的效率

对于体量庞大的大数据，隐私保护算法的效率将是影响大数据计算过程的一个重要因素。

三、大数据隐私保护技术

随着大数据技术的发展和广泛应用，人们对于大数据隐私保护的关注逐渐增加，由此大数据隐私保护技术也在不断发展。这些技术可以保证在数据分析和挖掘的同时保护个人隐私和资料。

（一）大数据隐私保护原则及机制

1. 隐私保护机制

隐私保护机制一般分为交互模式和非交互模式两类。

交互模式（在线查询）可以认为是一个可信的机构（如医院）从记录拥有者（如病人）处收集数据并为数据使用者（如公共卫生研究人员）提供访问机制，以便数据使用者查询和分析数据。当数据分析通过查询接口提交查询需求时，数据拥有者会根据查询需求设计满足隐私要求的查询算法，经过隐私保护机制过滤后把含噪声的结果返回给查询者。由于交互式场景只允许数据分析者通过查询接口提交查询，查询数目决定了数据库的性能，所以其不能提出大量查询，一旦查询数量达到某一阈值（隐私预算被耗尽），数据库就会关闭。

非交互式模式（离线发布）下，数据拥有者通过差分隐私发布算法来发布数据库的相关统计信息。数据分析者对发布的数据进行挖掘分析，得到噪声结果。非交互式场景主要研究的是，如何设计高效的隐私保护发布算法，使发布的数据既能够保证数据的使用还能保护数据拥有者的隐私。

在交互式框架中，数据所有者从未向研究者公布原始数据，因此他们始终掌握着数据，相对于非交互式框架，访问控制在这种框架中很容易被执行；研究人员也必将从交互式框架中获利，在这一框架中，他们现在可以对数据集的所有领域进行灵活查询；在非交互式框架中，一旦数据被发布，数据所有者就会失去对数据的控制。

2. 信息度量和隐私保护原则

信息度量用来衡量匿名表的实用性和隐私保护程度，包括隐私泄露风险评估、可用性评估和信息损失评估。

数据变换技术中的隐私保护是通过对原始数据的扭曲、伪装或轻微改变来实现的。一般从 3 个方面来衡量隐私保护的程度也就是数据的实用性和安全程度：①隐私泄露风险评估，隐含在原始数据中的敏感信息或敏感规则模式被披露的程度；②可用性评估，根据修改后的原始数据推测出正确值的可能性；③信息损失评估，原始数据的改变程度。

对于很多隐私保护方法，目前还没有一种能针对各种数据集、各种挖掘算法的有效的隐私保护策略，当前算法都是针对特定的数据集、特定的挖掘算法研究设计的，但信息度量是希望找到隐私泄露风险评估和可用性评估之间的平衡关系（R-U 关系）。

对于在什么情况下用什么样的算法应该从以下几点考虑。

（1）隐私泄露风险评估。该方法研究的是数据挖掘的隐私保护，首先考虑的是对隐私数据保密的程度。目前的算法不能保证做到绝对保密，每个算法的保密性都是有限的，用户可以根据不同的保密需要选择不同的隐私保护方法。

（2）数据的实用性。隐私数据的处理一方面考虑的是保护数据中的隐私信息，另一方面考虑共享数据的趋势（实用性）。

（3）算法复杂度。算法复杂度是指算法运行时所需要的资源，包括时间资源和内存资源。算法复杂度是衡量所有算法的一项基本标准，隐私保护算法同样如此。一般利用时间复杂度对算法性能进行评估。在考虑算法的可用性的基础上也要考虑算法的可行性，应使算法的复杂度尽可能地低，这是方法设计需要遵守的重要原则之一。

面向用户的隐私保护原则，主要包括以下 4 个方面。

（1）用户匿名性。

（2）用户行为不可观察性。

（3）用户行为不可链接性。

（4）用户假名性。

（二）常用的大数据隐私保护技术

一般来说，常用的大数据隐私保护技术可以归纳为匿名处理（删除标识符）、概化/归纳、抑制、取样、微聚集、扰动/随机、四舍五入、数据交换、加密、Recording（记录）、位置变换和映射变换等方法。这些技术在军事、通信中已经得到大量的应用，在医疗、银行和证券业的 IT 系统中也普遍应用。接下来介绍 4 种常用的大数据隐私保护技术。

1. 匿名处理

匿名是最早提出的隐私保护技术，将发布数据表中涉及个体的、表示属性的标识符删除（remove identifiers）之后发布。与传统的针对隐私保护采用的数据发布手段相比，大数据发布面临的风险是大数据的发布是动态的，且针对同一用户的数据来源众多、总量巨大；需要解决的问题是在发布数据时高效、可靠地去掉可能泄露用户隐私的内容以保证用户的数据可用。传统的针对数据的匿名发布技术，包括 k-匿名、l-diversity 匿名、t-closeness 匿名、个性化匿名、m-invariance 匿名、基于“角色构成”的匿名方法等，可以实现发布数据时的匿名保护。在大数据环境下，需要对这些数据进行改进和发展。

基于数据匿名化的研究前提是假设被共享的数据集中每条数据记录均与某一特定个体相对应，且存在涉及个人隐私信息的敏感属性值，同时，数据集中存在一些称为准标识符的非敏感属性的组合，通过准标识符可以在数据集中确定与个体相对应的数据信息记录。如果直接共享原始数据集，攻击者如果已知数据集中某个体的准标识符值，就可能推知该个体的敏感属性值，导致个人隐私信息泄露。基于数据匿名化的研究目的是防止攻击者通过准标识符将某一个体与其敏感属性值链接起来，从而实现对共享数据集中的敏感属性值的匿名保护。

2. 大数据中的静态匿名技术

在静态匿名策略中，数据发布方需要对数据中的准标识码进行处理，使得多条记录具有相同的准标识码组合，这些具有相同准标识码组合的记录集合被称为等价组。

k-匿名技术就是每个等价组中的记录个数为 k 个，即针对大数据的攻击者在进行链接攻击时，对于任意一条记录的攻击同时会关联到等价组中的其他 k-1 条记录。这种特性使得攻击者无法确定与特定用户相关的记录，从而保护了用户的隐私。

l-diversity 匿名策略是保证每一个等价类的敏感属性至少有 l 个不同的值，l-diversity 使得攻击者最多只能以 1/l 的概率确认某个个体的敏感信息。

t-closeness 匿名策略以 EMD 衡量敏感属性值之间的距离，并要求等价组内敏感属性值的分布特性与整个数据集中敏感属性值的分布特性之间的差异尽可能大。在 l-diversity 的基础上，t-closeness 考虑了敏感属性的分布问题，要求所有等价类中敏感属性值的分布尽量接近该属性的全局分布。

3. 大数据中的动态匿名技术

针对大数据的持续更新特性，有的学者提出了基于动态数据集的匿名策略，这些匿名策略不但可以保证每一次发布的数据都能满足某种匿名标准，攻击也将无法联合历史数据对其进行分析和推理。这些技术包括支持新增的数据重发布匿名技术、m-invariance 匿名技术、基于角色构成的匿名等支持数据动态更新匿名保护的策略。

支持新增的数据重发布匿名策略使得数据集即使因为新增数据而发生改变，但多次发布后不同版本的公开数据仍能满足 l-diversity 准则的要求，以保证用户的隐私。数据发布者需要集中管理不同发布版本中的等价类，如果新增的数据集与先前版本的等价类无交集，并且可以满足 l-diversity 准则的要求，则可以作为新版本发布数据中的新等价类出现，否则就需要等待。如果一个等价类过大，则需要对其进行划分。

4. 大数据中的匿名并行化处理

大数据的巨规模特性使得匿名技术的计算效率变得至关重要。大数据环境下的数据匿名技术也是大数据环境下的数据处理技术之一，通用的大数据处理技术也能够应用于数据匿名发布这一特定目的。分布式多线程是主流的解决思路，一类实现方案是利用特定的分布式计算框架实施通常的匿名策略，另一类实现方案是将匿名算法并行化，使用多种技术提高匿名算法的计算效率，从而节省大数据中的匿名并行化处理的计算时间。

使用已有的大数据处理工具与修改匿名算法实现方式是大数据环境下数据匿名技术的主要发展趋势，这些技术能够极大地提高数据匿名处理效率。

第三节　大数据在安全管理中的应用

数字化时代，大数据无处不在，人人都在谈大数据。大数据已经被广泛应用到各行各业中，其中包括安全管理领域。大数据在安全管理领域的应用，可以帮助企业精准、高效地进行风险把控，给企业带来更为全面的安全保障。

一、大数据在公共安全管理中的应用

大数据正在改变世界。我们应当抓紧研究如何在公共安全管理中有效采集、整合、分析、共享大数据，厘清公权与私权的合理界线，形成公共事务共商、共享、共担、共处的问题解决机制，推进管理部门与民众之间的良性互动，真正形成政府主导、公众参与、多元协同治理的新格局。习近平总书记在第二届世界互联网大会上明确指出："以互联网为代表的信息技术日新月异，引领了社会生产新变革，创造了人类生活新空间，拓展了国家治理新领域，极大提高了人类认识世界、改造世界的能力。"

回顾我国在公共安全管理方面就大数据应用做出的探索，需要特别注意，技术创新、政策创新、管理创新三者往往是不同步的。在多数情况下，技术创新会走在前面。当技术创新"倒逼"政策创新、管理创新的时候，公权力掌控者的从善如流就显得格外重要。

（一）以人为本是全方位立体化公共安全网建设的核心

在公共安全管理中，无论是事前监测与预警还是事中处置与响应，实施网络和大数据安全保障均具有重要意义。

在事后分析与评估方面，大数据更可发挥保障安全、提高管理水平的重要作用。据此，有学者建议应学习一些发达国家电子政务建设模式，进行网格化建设，即将目标城市分成网格，在网格基础上细化大数据的调用，设计专门流程，既包括预案设立和响应设立，也包括灾备资源调用等。

现阶段，突发事件正历经从单一向综合的转变，自然灾害、灾难事故、公共卫生事件、社会安全事件之间互相联系、互相诱发、互相转化的情形增多。灾害的突发性、复杂性、多样性、连锁性，以及受灾对象的集中性、后果的严重性和放大性愈加凸显。尤其是城市公共安全呈现出自然和人为致灾因素相互联系、传统和非传统安全因素相互作用、旧有社会矛盾和新生社会矛盾相互交织等特点。

尽管近几年我国对于公共安全的重视和投入在不断增加，管理水平也在不断提升，但现实情况仍然不容乐观。

我国突发事件处置应当向预防、准备以及减轻灾害后果的方向转变；由单纯的减灾向减灾与可持续发展相结合转变；由政府包揽向政府主导、社会协同、公众参与以及法治保障转变；由以往单一地区、部门实施的工作向加强区域合作、协调联动、国际合作转变。人是公共安全管理中最主要、最活跃的因素，以人为本理应成为公共安全管理方法论的核心。以人为本的全方位立体化公共安全网的建设，核心要素是人及人的活动。公共安全管理旨在关注人的需求、保护人的正常活动、保障人的生命财产安全。人的活动包括个体与集群两种方式，从大数据的角度观察，是无数个体的活动构成了群体聚合的状态。

大数据既是互联网技术的应用，更是方法论的创新。互联网使得公众参与社会活动前所未有地直接和直观。大数据的归集与分析技术也已经使我们在物质空间之上更加深刻地认识到“人”的作用。

以工伤预防及安全生产为例，应当大力督促企业增强风险意识，引导企业依法参保，保证工作场所安全，以加强伤害事故的事先预防。此外，应当进一步规范劳动关系，关心职工的身心健康，避免挂靠分包使管理者忽视对劳动者安全生产过程的有效监管。加强以风险治理为核心的应急管理基础能力建设。

风险是人类社会发展和科学技术应用所带来的伴随现象，风险是不以人的意志为转移的客观存在。与此同时，风险又是可以管控的，人不是风险的被动接受者而应当是风险的主动管控者。

应当加强以风险治理为核心的应急管理基础能力建设，包括监测预警、现场指挥、应急救援、物资保障、紧急运输、通信保障、恢复重建等各方面的能力建设。

当前，国际上较为关注以下几个方面的建设：①基于风险和情境构建的预案体系；②基层应急和救援能力评估与建设；③综合灾害应急救援处置体系建设；④恶劣环境的灾情获取与实时传输、现场通信、实时动态决策与指挥；⑤面向社区与公众的灾情预警发布；⑥企业防灾可持续发展计划制订；⑦现场指挥和应急运行体系建设。

其中，重大突发事件情境构建体系是当前世界公共安全应急管理的前沿问题，一些发达国家已构建了12个重大突发事件情境。情境构建是开放系统，具有高度弹性和可持续改进性。我们应瞄准这一国际新前沿，提高应急管理水平。

（二）发挥法治建设与大数据应用的互相促进作用

公共安全管理应当尽可能减少“人治”的因素，培育“办事依法，遇事找法，解决问题用法，化解问题靠法”的法治环境。

法律法规总是具有滞后性，在出现法律法规尚未明文规定的问题时，不能因为法律不健全而推诿责任。必须按照法治原则，提高领导干部的应急处突本领，提高干部勇于负责、敢于担当、科学决策、快速处置的能力。

在充分肯定大数据在公共安全管理方面的应用成绩的同时，也应清醒地认识到存在的“短板”，如非结构化数据利用率较低，大数据应用存在数据研判偏差，对于如何引导和用好网民的热情也需要总结经验。

当前，我国尤其应当注意厘清政府数据与政府信息的关系、开放政府数据与公开政府信息的关系、利用政府数据与获知政府信息的关系，进一步推动政府数据的开放与深度开放利用。

二、大数据在煤矿安全管理中的应用

智慧城市不仅会改变居民的生活方式，也会改变城市生产方式，保障城市可持续发展。当前推进我国智慧城市建设有利于推进我国内涵型城镇化发展；有利于培育和发展战略性新兴产业，创造新的经济增长点；有利于促进传统产业改造升级、社会节能减排，推动经济发展方式转型；有利于我国抢抓新一轮产业革命机遇，抢占未来国际竞争制高点。

（一）大数据与煤矿安全管理

相关数据显示，近年来，我国煤矿安全指标逐渐朝着良性的方向发展。然而，煤炭行业依旧属于高危行业，并未彻底摆脱高事故率的困境。要想不断提升煤矿安全生产水平，必须做好安全管理工作。在煤矿安全管理工作中引入大数据技术，可以丰富管理方法、优化信息系统。最近几年，我国的煤炭行业形势不容乐观。然而，煤炭资源依旧具有不可替代的战略地位。

（1）我国大多数煤矿为井工开采，井下条件错综复杂，受到地质水文条件、赋存条件、井田规模等影响，形成了多种开采方法。

（2）煤矿井下作业空间狭窄、条件恶劣、作业地点不断变动，增加了对各种事故的控制难度，因而对机械设备的可靠性与安全性提出了更高的要求。

（3）井下生产过程复杂，包括诸多系统，如通风、采煤、供电、开拓掘进、运输等系统，要确保各个系统彼此配合顺利运行，并非易事。

（二）煤矿企业的数据特征

煤矿企业的数据特征如下。

1. 规模大

煤矿企业生产中会产生许多数据资料，这些资料是实时变化的，并且具有非常重要的作用，如测量数据（井下职工情况、机械情况）、环境监测数据（瓦斯含量等）。

2. 种类多

煤矿日常运行过程中会形成大量的监测数据，其中包括结构化数据，如累计值、平均值等，还包括半结构化数据和非结构化数据，如事故案例、矿图数据、监控数据等，且半结构化数据和非结构化数据所占的比例日益增加。

3. 价值密度低

煤矿井下配备了许多监控设备及传感器，专门负责记录井下各环节的动态，监控机械工况及环境条件，形成了许多数据，但有价值的较少。

4. 产生和增速快

近年来，煤矿安全管理各环节纷纷引入了信息化技术，形成了一个非常复杂、有机结合的系统，包括考勤矿压、瓦斯等监测系统。每套系统的全天候运行都会形成大量数据，且增速日益加快。

预测是大数据应用的重中之重。煤矿数据的 4V 特征，可以通过大数据技术加以处理，并在此基础上对事故发生的概率进行预测。大数据下的相关关系分析为煤矿提高安全管理水平提供了一种新思路，可以通过数据处理结果做出更加科学合理的决策，从而减小人为失误，为构建安全管理系统创造良好的条件。

（三）煤矿安全管理中大数据技术的应用前景

煤矿安全管理中大数据技术的应用前景如下。

（1）大数据变革管理思维，增强系统安全观念。

相对于大数据，小数据时代下的直线思维更注重数据的精确性，通过分析事物规律，为煤矿安全生产提供参考，但该模式已无法满足复杂的煤矿生产系统的发展需要。经过长时间的信息化应用，煤矿生产系统积累了海量的数据资料，如 GIS（地理信息系统）、地质、监控等方面的数据，其中占比 5%的结构化数据可以在传统数据库中使用，而其他的非结构化数据，尽管占比非常高，但也比较复杂，不容易利用。要想进一步应对煤矿复杂的安全生产系统，就要积极更新思维，降低对数据精确性的追求，分析大数据时代下的混杂数据。海量纷杂的数据、优秀的分析工具、先进的计算机设备为全样本数据分析创造了良好的条件。利用大数据技术分析煤矿生产过程中产生的所有数据比分析少量的、精确的样本数据更符合煤矿安全管理的需要，可以充分发掘不同数据之间的相互关系，发现数据背后隐藏的信息，得到更多有价值的数据资料，降低人为主观意识引起的错误，为煤矿企业做出科学合理的安全决策提供帮助。

（2）大数据技术显著提升了设备运行可靠性，实现对设备工况的动态的有效监测。

近年来，煤矿自动化水平不断提升，越来越多的先进设备被引入煤矿生产领域。过去基本都是等到机械设备发生故障以后才维修，不但维修难度高，而且会严重影响煤矿生产进度，提高事故风险。大数据技术可以妥善处理上述难题，如在通风机上配置传感器，用来记录各种相关数据，对每个工况点的动态进行分析，寻找可能的故障点，系统自动对比这些异常与正常情况，便能够发现问题的根源。在第一时间发现设备异常，系统就能够提前发出预警，便于企业做好防范措施。与因设备故障导致煤矿停产造成的损失对比，收集与分析数据所需的投入明显更少，同时，安全性明显提高。

（3）大数据技术提供事故分析新视角，实现安全管理关口前移。

发生事故后对其原因进行分析，明确各方责任，对降低事故率有很大帮助，但事后处理模式具有滞后性，不能深入发掘安全生产数据，分析事故规律。例如，对于瓦斯爆炸事故，基本上是从火源、甲烷、氧气浓度监测与控制等环节入手，然后对管理、设备及人员等因素进行分析，该方法对于煤矿生产安全有重要的推动作用，但到目前为止，我国关于瓦斯爆炸的研究基本停留在模拟硐室或实验室的层面，没有充分兼顾煤矿井下的具体条件，因而无法综合分析其他因素的作用。通过大数据技术展开深入分析，能够尽可能地挖掘出更多的环境因素，然后构建相应模型，为煤矿安全生产提供参考依据。大数据技术可以更加全面地分析事故，从多个层面做好预防，将安全管理关口前移，相对于事后分析模式具有更重要的作用。

三、大数据在安全管理应急方面的应用

欧美一些国家已经开始把大数据运用到应急管理中，并取得了一定

的成效，当前国内实务界和学术界虽然已开始关注大数据的应用，但是相关研究还比较匮乏。本文根据大数据的内涵，简要归纳了大数据在应急管理中的应用方式和基本框架，总结了大数据在应急管理中的实践案例，希望能够对我国大数据在应急管理中的应用和研究有所启示。

（一）大数据的内涵和在应急管理中的应用方式

关于大数据的内涵，学界并没有完全一致的理解，如按照麦肯锡全球研究所（McKinsey Global Institute）的定义，大数据是指超出常规数据库软件工具所能捕获、存储、管理和分析的规模限制的超大规模数据集。也有学者从数据集的特点入手，界定了大数据的 3 个主要特点，即常用的 3V 界定——规模性（volume）、多样性（variety）和高速性（velocity）。舍恩伯格在《大数据时代》中反复强调大数据是人们获得新认知、创造新价值的源泉；大数据还是改变市场、组织机构以及政府与公民关系的方法，强调以大数据技术为基础的新思维和新方法。由于对“大数据”的认识存在差别，综合不同的定义来看，“大数据”在不同领域内包含 3 层含义，可以分别从现实和技术两个方面加以阐释：第一层意义上的“大数据”指的是数据的巨量化和多样化，现实方面是指海量数据，技术方面是指海量数据存储；第二层意义上的“大数据”指的是大数据技术，现实方面是指对已有或者新获取的大量数据进行分析和利用，技术方面是指云存储和云计算；第三层意义上的“大数据”指的是大数据思维或者大数据方法，现实方面是指把目标全体作为样本的研究方式、模糊化的思维方式、侧重相关性的思考方式等理念，技术方面是指通过对海量数据进行分析、处理并用以辅助决策，或者直接进行机器决策、半机器决策的全过程大数据方法，这种对大数据的认知方式涉及“大数据项目”或“大数据技术应用”的认知，并可由此延伸出大数据视角下的应急管理方式。

大数据在应急管理中的应用方式分为两部分，即大数据技术和大数据思维。大数据技术既包括诸如数据仓库、数据集市和数据可视化等原有技术，也包括云存储和云计算等新兴技术；大数据思维则是从海量数据中发现问题，用全样本的思维来思考问题，形成了模糊化、相关性和整体化的思考方式。大数据技术与思维相互融合、相互作用，共同形成了大数据的应用，并对包括应急管理在内的很多公共管理领域产生了巨大影响。英国皇家联合军种国防研究所 2013 年的报告提出，大数据的应用具有 4 个特征：①快速的收集、分析、决策和反应机制；②在分析和结论方面有极高的可信度；③无论是在个人还是群体的行为预测方面都应该有更强的预见性和更高的准确度；④重视数据的充分利用，最好是能够多次使用数据。按照突发事件发生的时间顺序，整个应急管理大致可以分为事前、事中和事后 3 个阶段，包括预防准备、监测预警、应急处置、善后恢复等多个环节。由于当前大数据在应急管理中的应用大多处于技术应用阶段，并没有针对应急管理中大数据的应用进行严格分类，因此本书根据应急管理最简单的时间序列划分方法探讨了大数据在应急管理事前、事中和事后应用的基本框架。当然，由于应急管理针对的事件类型不同，并非所有的应急管理领域都会涉及大数据在上述 3 个过程中的应用。有时候可能并不需要进行数据的重新收集和硬件系统的整合，而只需要进行管理模式和思维的变化就可以形成新的大数据应用方式，这也是大数据在应急管理甚至是公共管理领域应用中不同于纯技术导向应用的核心问题所在。

（二）大数据在应急管理中应用的具体分析和实践

由于应急管理 3 个阶段的任务不同，且不同性质的突发事件间有发生机制和破坏方式上的差异，针对不同突发事件进行应急管理时，所侧重的应对阶段也应有所不同。例如：地震、海啸等发生突然，现场反应时间很短，进行“事中响应”非常困难，需要着重进行预防和救援；而森林火灾等预防困难，救援难度大，现场应对更为重要。因此，就需要根据突发事件的不同特点，在不同阶段应用大数据，以达到事半功倍的效果。

1. 事前准备

在事前准备阶段，需要为大数据的应用进行相应的管理和设施准备。管理准备是指与大数据管理、大数据方法相匹配的人事准备和管理提升。设施准备是指大数据应用所需要的硬件和软件设施方面的准备。硬件设施主要涉及新技术背景下的数据采集，而软件设施不但涉及新数据的采集，也可以针对旧有数据展开分析和挖掘。

（1）两个层面人员的管理准备。

两个层面人员的管理准备主要是指对中上层管理人员和基层管理人员的培训与管理。对中上层管理人员要进行相应的领导体制变革和知识培训，对基层管理人员则可能要新设机构、增加专业技术人员和信息采集人员，并做好培训工作。为了顺应大数据时代的发展需求，在管理层面，如美国政府在2009年任命了联邦政府首任首席信息官，负责指导联邦信息技术投资的政策和战略规划，负责监督联邦技术应用的有关支出，并监管企业等，以确保在联邦政府范围内，系统互通互联、信息共享，并确保信息安全和隐私保护工作的有效开展。此外，首席信息官还与首席技术官紧密合作来推进总统有关大数据应用的技术设想。英国皇家联合军种国防研究所的“大数据化”建议帮助国防部门转变成“大数据化”组织，对需要进行大数据化的部门安排培训，人员需要包括中层以下的管理人员和项目专家，即数据分析官；明确工业部门对于大数据管理的价值和作用，包括作为后备力量和为国防安全领域提供专业技术人才。

（2）大数据应用的设施准备。

大数据应用的设施准备主要指为大数据的应用提供基础设施，随着技术的不断发展，传感器将成为大数据应用中的重要一环。20 世纪 60 年代以来，美国为预防风暴和海浪袭击而建立海浪检测系统。2005 年，国家数据浮标中心在原有设备的基础上架设了大量新型海洋地理传感器，包括海浪流向传感器等。此项目传感器实时产生大量数据，用以实时监测海浪情况。按照该项目划分，全美海岸线被分为 7 个部分，各区域的分支网络都是先独立布点，然后在区域联网的支持下根据海浪运动的物理原理扩展联网。全部联网完成以后，整个监测网络共包含 296 个传感器，其中 56 个分布在远海，60 个分布在大陆架外部，47 个分布在大陆架内部，133 个分布在海岸线附近。其中 115 个布点是 2005 年新增加的，另外有 128 个布点刚刚完成海浪流向测量的技术升级。这项计划具有极大的社会价值。根据数据统计，商业捕捞是全美最危险的职业之一。在 2008 年，该中心发布的报告称，该年度渔业从业者每 10 万人中的死亡人数为 155 人，而全美所有行业的平均死亡人数仅为每 10 万人中死亡 4 人。在渔业相关的所有死亡因素中，79%是由天气原因造成的，其中 40%是由巨浪导致的。虽然无法具体统计海浪预测系统的预报拯救了多少人，但毋庸置疑，更好的实时海浪监测系统意味着能救更多的人。大数据设施的准备还包括软件准备。软件的升级包括算法的更新、分析方法和数据处理方法的改进、多源数据的融合分析。

2. 事中响应

在事中响应阶段，大数据的应用能为政府、第三方组织或个人开展应急响应提供很大便利。对于政府而言，大数据化的应急管理意味着技术支撑基础上的融合与协作，它不但为协作带来很大的便利，也保证了日常业务连续性和应急处置及时性之间的平衡。对第三方组织或个人来说，大数据可以为应急管理提供更加便捷灵活的手段。

（1）基于大数据信息流展开的宏观和微观层面的多元应急合作。

在宏观层面，整个应急响应可以分为决策指挥、现场应对和外界援助 3 个层面，其间以海量数据信息、高效的计算能力和数据传输能力为基础，实现信息的有效沟通和机器预测预判，进而帮助指挥部门协调各方，指导现场处置和救援，通过与外界的信息沟通获得援助，实现多元化协作的应急处置。

在微观层面，应对部门需要在应急处置和业务连续性之间实现平衡。大数据基础上的决策支持系统将成为强大的信息管理系统，能够做到实时报告，而且操作简便，能够同时集合多项关键指标的高效指挥决策辅助系统。在大数据决策支持系统支撑下，交通、医疗、警务、市政基础设施管理部门需要及时沟通，为突发事件紧急处置提供有力的犯罪打击、充足的物力资源、及时的导航信息和必要的建筑图纸等支持。不同部门提供的信息，都需要纳入大数据决策支持系统，如警务系统在接到报警后，将信息发送到大数据决策支持系统进行分析，确定事件的类型和位置，并在电子地图上显示相关信息，根据实践情况同时列出关键设备需求表，随后进行危机通报与应急响应。同时，交通部门将路况信息、可用资源和监控数据传输到大数据决策支持系统，由系统进行可视化操作，确定通行路段和避免经过的路段，规划出最佳路线。医疗部门根据大数据决策支持系统提供的信息实时跟踪状态，可以有效调配可用资源，提高响应速度，与地理信息系统和地图系统相连以后，救护效率也会显著提高。

（2）第三方组织或个人发布自发式地理信息。

自发式地理信息是随着网络地图的普及出现的。普通民众可以在几乎没有相关专业知识的情况下，依靠自动或半自动的处理设备，使用地理信息系统绘制地图。特别是 20 世纪 90 年代以后，随着网络和 GPS 设备的普及，普通人进行定位和地图关联变得更加简单。这种方法在“大数据”概念出现之前就已有所应用。在谷歌的“我图”（MyMaps）服务出现后，普通人也可以完成以往只有绘图师才能完成的任务。民众可以对官方公布的坐标、自身获取的定位数据或者网上未经证实的地理位置进行整理、关联、绘图，然后发布到网上。这个过程中所使用的大多为开源数据，数据类型多样且大多为非结构化数据。这种方法在应对南加州的森林火灾时屡有应用，主要用来绘制火情地图以指导人们逃生和避险。

森林火灾一直是南加州地区居民的梦魇，2007 年 7 月到 2009 年 5 月间发生的四场森林火灾尤为惨烈。2007 年 7 月，森林火灾持续了两个月，当时居民主要依靠报纸、广播和电视新闻组成的政府信息系统了解火情，信息传递慢且获取被动。2008 年 7 月，临近城市地带发生了森林火灾，由无数帖子和网络相簿组成的自发式地理信息已经能为政府信息提供有益补充。2008 年 11 月，森林火灾又一次席卷了南加州，网上迅速出现了各类自发式地理信息——文字报告、图片和视频。尽管谷歌没有立刻整理发布这些信息，但是已经有一些当地报纸和社团组织网站整理并发布了这些资料。同时，一些志愿者发现，将搜集和编译后的分散信息整合进谷歌地图之类的电子地图，可以制作出比政府信息更加方便快捷的灾害地图。许多组织和个人迅速建立了自发式地图站点，及时整合不断出现的自发式地理信息和官方信息。政府公布的火灾边界图就是根据不断更新的市民报告做出的。在火灾后期，共有 27 个自发式在线网站，其中广为人知的一个网站点击量超过 60 万人次。该网站提供了许多灾害期间的必要信息，如火灾位置、疏散命令、紧急避难所位置等。市民可以在政府通知之前自行撤离或采取防护措施。

由于政府信息缺乏良好的沟通渠道和证实信息的充分资源，所以其从产生到传递总是比自发式地理信息速度要慢。尽管来自民间的信息也有可能产生错误，从而导致一些没有必要的撤离，但通过以上案例可以明显看出，自发式预报由误报而导致的不必要的撤离成本远比政府漏报成本要低，其应对灾害的重要意义也显而易见。

在整个事中响应阶段，大数据的应用包括实时高效的数据信息收集、信息数据的迅速传递、多源数据集成处理、数据结果的可视化合成以及最终实现机器或半机器化的辅助决策。在数据收集方面，根据应急管理主导者不同有两种发展趋势：一是政府主导的专业应急管理团队的信息收集逐渐专业化和高效化，二是以社会大众和社会媒体为依托的第三方应急管理力量将信息收集方式发展为简单化和大众化的方式。在信息传递方面，大数据实时高效的特点要求信息传递方式不断创新，不断加快速度。在数据集成处理方面，根据大数据本身的特点，数据集成处理也具有巨量化、多样化和快速化的特点。在可视化合成方面，应急管理所需的可视化结果必须简明直接且通俗易懂，第三方组织所使用的可视化方法还需要具有操作简便等特点。只有这样，大数据才能为事中响应提供快速且科学的机器决策或半机器决策。

3. 事后恢复与重建

大数据在应急管理事后的应用主要表现在事后恢复与重建上。目前比较新颖的应急管理应用方式是“众包”（Crowd Sourcing）的方式。“众包”是由大众通过网络分散完成工作任务，并经整合后在网络上提供服务的一种方式。这个过程中使用的信息来源分散、体量巨大，且采取机器决策或半机器决策的方式利用信息。使用“众包”方法进行事后恢复与重建可以分为 4 个阶段，包括捕获信息、甄别加工信息、机器分析和迅速反应。捕获信息的方式可以是通过 GPS 定位发送自己的位置，也可以是通过社交网络发送某条文字信息。搜集到的信息会被汇集到众包平台上，这个过程可能需要机器与人协调完成。一些难以处理的信息会分配给志愿者进行加工，使之转变为计算机能识别的数据，如法语区内的一条推特的信息可能并不适合用第三方软件处理。这时就需要志愿者先将这条信息翻译成英语，再将其中的关键信息提取分类，将其转变为计算机可以处理的信息。计算机会自动剔除无用和冗余的信息，根据语义分析捕获含有有效信息的词条。随后，经过格式化的信息可以被计算机可视化或者作为统计资料使用，整合后的信息可以发布在网上供众人浏览和使用。应急处置人员可以根据计算机的建议设计救援路线、配置救援装备，并以最快速度抵达救援地点。

第四节　数据脱敏技术

在当今的数字化环境中，数据就是“黄金”。然而，随着数据的日益增多，数据安全和隐私保护的问题也变得越来越重要。数据脱敏技术作为一种有效的数据保护手段，得到了广泛的应用。

一、数据交互安全与脱敏技术

随着大数据产业的发展，数据挖掘产生了极大的商业价值，但也带来了敏感隐私信息泄露的挑战。数据脱敏（Data Masking）是指通过某种脱敏规则对数据包含的敏感隐私信息进行安全保护的一种技术。常见的敏感隐私数据包括姓名、居民身份证号码、地址、电话号码、银行账号、邮箱地址、各种账号密码、组织机构名称、营业执照号码、交易信息（日期、金额）等，数据脱敏技术就是对其进行保护的一种重要技术。在实际应用中，通过对数据中的敏感信息按脱敏规则进行数据变形，出现了各种各样的数据脱敏方法，如数据漂白、数据变形等，目的都是实现敏感隐私数据的安全保护。例如，商业性数据中涉及的客户敏感信息，如居民身份证号码、手机号、卡号、智能终端硬件 ID、位置信息、消费行为、网络访问行为等，都需进行数据脱敏。

数据脱敏是按照脱敏规则进行的，通常将脱敏规则分为可逆脱敏和不可逆脱敏两大类。

（一）可逆脱敏

可逆脱敏也称为“可恢复脱敏”，是指经脱敏后的数据可以通过一定模式还原成脱敏前的原数据，如加、解密算法就是最简单的可逆脱敏方法。

（二）不可逆脱敏

不可逆脱敏也称为不可恢复脱敏，是指经脱敏后的数据采用任何方法都不能还原成脱敏前的原数据。常用的不可逆脱敏方法包括替换法和生成法。在替换法中，一般使用某些字符或字符串替换数据中的敏感部分，虽易于实现，但容易被发现是经变形加工的数据。在生成法中，则按照某种特定规则及算法使脱敏后的数据具有合理的逻辑关系，使其看起来像真实数据，不容易被发现变形加工的痕迹。

在实际应用中，可以根据数据交互的应用场景，将脱敏技术分为两大类，即静态数据脱敏（Static Data Masking，SDM）技术和动态数据脱敏（Dynamic Data Masking，DDM）技术。

二、静态数据脱敏技术

静态数据脱敏技术一般是指脱敏发生在非生产环境中，即数据完成脱敏后，形成目标数据库并存储于非生产环境中。

三、动态数据脱敏技术

动态数据脱敏技术是指脱敏发生在生产环境中，在需要访问敏感数据时立即对数据进行脱敏。

针对同一敏感数据源，可以根据交互用户的不同角色进行脱敏，或者在权限读取时根据不同的脱敏规则进行脱敏。

8

第八章

大数据在各领域/行业中的应用

第一节　大数据在电信行业中的应用

移动互联网的快速发展和新型智能移动设备的日益普及，使得电信行业的数据业务量呈爆炸式增长。与此同时，电信运营商的基础语音业务和短信业务却在不断萎缩，导致传统收入急剧下滑，加之OTT（互联网公司越过运营商，发展基于开放互联网的各种视频及数据服务业务）厂商和虚拟运营商的逐渐崛起，电信运营商逐步沦为“流量管道”，网络流量收入和网络建设成本之间的剪刀差不断增加，利润逐渐减少。如何避免在这场激烈的角逐中被“边缘化”，并努力拓展新的业务，是全球电信运营商和设备制造商都在积极思考的重要问题。

电信网络作为承载国民经济信息化的重要平台，流通和汇聚着丰富的数据资源。这些数据资产作为电信运营商重要的核心资产，为电信运营商带来巨大的发展机遇，成为有可能发掘经济增长的一个新发力点。

一、电信大数据概述

电信行业是率先开展大数据研究和应用的领域之一。早在2013年6月，英国电信与媒体市场调研公司（InformaTelecoms & Media）的调查中就显示出，在全球120家电信运营商中，大约有48%的电信运营商已经开始部署大数据业务，大数据运营已经成为电信行业转型发展的新趋势。

（一）电信大数据发展现状

当前，电信大数据应用呈现出蓬勃发展的良好态势。综合国内外情况来看，国际运营商对大数据的应用起步较早，在2011年大数据发展初期就已经开始大数据业务布局。发展初期的主要任务是建设大数据能力基础平台，并设立大数据业务专业化运营团队，为后续开展大数据业务做好准备。随后，国际运营商以企业内部应用为出发点，利用大数据为各部门的生产与管理提供服务，从而达到提升系统效率、提高用户满意度、增强营销效果的目标。同时，国际运营商利用自身位置数据的优势，对外提供基于位置的精准营销服务，并以此为突破点，不断丰富和深化在零售、医疗和智慧城市等多个垂直领域的数据应用。在此期间，美国运营商AT&T、Verizon，西班牙电信公司Telefónica，日本运营商NTT DoCoMo，法国电信公司Orange等国际知名的电信运营商，纷纷开展大数据的相关项目。例如，AT&T与星巴克合作，通过客户在星巴克门店附近的通信行为分析用户的位置信息，从中挑选出高忠诚度客户，并在获得用户允许的情况下将这些信息售卖给星巴克，后者则通过对这些数据的挖掘做出个性化推荐。目前，国际运营商的大数据运营能力已经逐渐成熟，内外部应用持续拓展，产业合作模式不断创新和完善，大数据应用市场进入稳定发展期。

国内的移动、电信、联通等主要运营商在2013—2014年也陆续开始大数据应用方面的探索与尝试，并逐步确定将大数据业务定位于公司转型升级与创新发展的战略方向。虽然国内运营商在大数据业务布局上起步稍晚，但是拥有得天独厚的优势，因此发展速度很快，大有赶超国外同行的势头。首先，我国移动通信网络的规模和用户总量均居世界首位，运营商拥有规模庞大且类型丰富的数据资源；其次，我国政府高度重视大数据产业的发展，在政策上为大数据产业发展创造了良好的环境；最后，国外运营商提供了可参考的经验借鉴。因此，国内运营商在短时间内顺利渡过了大数据发展的起步和成长阶段，实现了大数据在市场营销、网络优化和运营管理等多个层面的应用支撑，并以金融、政务等垂直领域为试点，不断拓展电信大数据对外应用与价值变现的渠道。当前国内运营商大数据应用市场需求不断增长，相关产业、技术逐渐发展成熟，大数据应用已进入快速发展期。

（二）电信大数据分类

电信运营商是“天生”的大数据企业，其网络通道、业务平台、支撑系统每天都在产生大量有价值的数据。

根据数据来源不同，可以将电信大数据分为以下四类。

1. 业务支撑系统（BSS）数据

业务支撑系统 BSS（B 域）是电信运营商进行市场营销、客户服务的应用支撑平台，其中包含客户资料管理、计费、结算、客服、营销等数据，具体如用户的手机号码、终端机型、套餐信息、通话时长、流量消耗、用户投诉和咨询情况等。

2. 运营支撑系统（OSS）数据

运营支撑系统 OSS（O 域）是电信开展业务和运营所必需的支撑平台，该系统中包含综合网管、网络优化、信令监测、资源管理、故障管理、性能分析、告警监控、安全管理等数据。

3. 管理支撑系统（MSS）数据

管理支撑系统 MSS（M 域）是电信企业的信息化基础平台，包括企业资源管理系统（ERP）、企业信息门户、办公自动化系统等组成部分，用于实现企业对财务、人力资源、工程项目及资产的管理。该系统中主要有资产数据、财务数据、合同数据、预算数据等。

4. 深度包检测（DPI）数据

深度包检测 DPI 是一种基于应用层的流量检测和控制技术，具有深度分析的能力，能够较好地识别网络上的流量类别和应用内容。电信运营商通过 DPI 系统可以监控网络的流量流向，分析用户的使用行为，为网络提供建设依据，为对内对外增值业务提供数据基础。DPI 系统中主要包含 HTTP/WAP（无线应用协议）访问日志数据、URL 解析数据、APP（软件应用程序）应用解析数据、网络轨迹数据、WLAN（无线局域网）解析数据等数据。这些数据经过二次解析后可以为电信运营商刻画出精准的用户画像，从而判断出用户的兴趣偏好及关注点。

从商业需求的角度来看，电信运营商的大数据资源中最具价值的数据主要有以下几类。

（1）身份数据。

无论是手机用户还是宽带用户都需要提供实名认证信息，包括姓名、年龄、居民身份证号码等。

（2）消费数据。

用户选择的套餐业务、通信消费额度、欠费情况等数据，能够在一程度上反映用户的支付能力和消费类型，有助于构建用户信用模型。

（3）位置数据。

基于移动终端附着的基站、使用的 Wi-Fi 热点等数据可以获取用户的位置信息，根据移动信令数据可以分析用户的运动轨迹。

（4）社交数据。

每个电信用户都是通信社交网络中的一个节点，用户的通信交往圈（含语音、短信、彩信等）可以反映其社交范围、频率等信息。

（5）偏好数据。

用户上网行为是其线上生活的记录仪，从网页浏览、App 应用、软件下载等数据中可以获得用户的偏好信息。

（三）电信大数据的特征

电信大数据在数据体量、结构类型、产生速度、数据质量等方面均符合大数据的“4V”特征。与以百度、阿里巴巴、腾讯为代表的互联网企业相比，电信运营商在大数据应用领域有着先天优势。

首先，在数据体量方面，互联网企业仅拥有行业纵深数据且局限于自有网站，而电信运营商的数据来源更加多样化，且数据维度丰富、信息量巨大。电信运营商的这一优势主要得益于其庞大的用户基数以及电信网络对用户行为的全面记录。电信运营商不仅掌握着数亿用户的客户资料、终端数据、通信和上网行为数据，而且每天都有 TB 乃至 PB 量级的新数据产生。

其次，在数据类型方面，电信运营商的业务运营系统每天都会产生大量的结构化数据，如行业综合数据、电信业务分布与收入数据等。随着互联网应用的普及和智能管道的发展，还逐步积累起海量的非结构化数据，如图片、文本、音频、视频等。在用户信息的全面性和多样性方面，电信运营商拥有用户全量的互联网访问行为、通信行为、位置、消费能力等数据，而互联网企业只能获得各自生态体系内的网站或 App 访问数据，如百度仅记录用户的搜索行为数据，阿里只拥有用户的交易及信用数据，腾讯则掌握着用户的社交关系数据，而运营商可以同时获得这些信息。

再次，从数据产生速度来看，只要用户开机，电信运营商就能实时、连续地获取用户的相关数据，从而保证数据的可持续性和一致性；而互联网企业只有在用户使用其服务（如运行 App 应用）时才能收集数据，具有很强的碎片性。

最后，在数据质量方面，电信运营商拥有最为真实的客户资料、产品数据、账单、资源和订单等数据资产。目前，我国已实行电话用户实名制，运营商能够了解用户的年龄、性别、工作单位等真实、详细的个人基本信息，还可以通过技术手段获得精准的用户位置信息以及基于通信数据的用户真实社会网络信息。这些数据通过用户的统一账户（手机号码）关联起来，使得运营商能够更加准确、全面地分析用户的消费水平、位置轨迹、个人偏好等信息。与之相比，互联网数据的真实性和精准度都相对较低，而且同一个用户通常会注册多个 ID，各个 ID 的相关数据会形成一个个“数据孤岛”，数据间缺乏关联性，很难通融并形成充分的用户画像。

虽然电信大数据的全面性、多维性、可靠性、完整性是互联网数据难以比拟的，但应当说明的是，这种优势只是相对的，互联网大数据也有其显著特征，是不可替代的。

二、电信大数据应用

早在 2012 年，美国加德纳公司就通过调研电信运营商数据识别出电信运营商在数据应用领域当前已有和未来可能出现的各种应用，并归纳总结出最受关注的 8 类数据应用案例。其中 6 类应用面向电信运营商内部运营，主要目标是借助大数据转变经营理念、改善内部管理、提高运营效率、提升服务水平；还有两类应用面向外部服务，目的是通过开放数据资产，实现运营商商业模式的创新。

（一）内部应用

目前，国内外电信运营商在大数据应用上的首要选择，仍然是利用大数据技术支撑公司内的运营管理，同时基于自身数据资源优势开发大数据产品，不断拓展内部商业应用。这类应用主要涉及的领域包括网络管理和优化、市场与精准营销、客户关系管理、企业运营管理等。

1. 网络管理和优化

大数据技术有助于电信运营商实现智能化的网络管理和优化。在基础设施建设优化方面，电信运营商通过大数据分析全面了解当前网络资源的配置和使用情况、用户分布状况、用户未来需求等，从而及时进行网络扩容升级或者调整网络资源配置，确保网络覆盖和资源利用的最大化。例如，通过对无线网络接入用户数及网络流量数据的建模分析，能够发现用户密集区域与流量热点区域，实现基站和 WLAN 热点的精确选址。同时，电信运营商还可以通过建立评估模型，对已有基站的效率和成本进行评估，精减低流量使用区域的基站，避免资源浪费。

在网络运营动态优化方面，电信运营商借助大数据技术，可以突破传统网优分析中数据源较为单一的限制，除测量报告和呼叫详细跟踪等常规数据之外，还会分析相关接口的信令信息、位置数据、网络日志、网管数据等，从而实现全网优化，提升网络质量和网络利用率。国内外电信运营商在这方面已有较多的应用案例。例如，法国电信公司 Orange 通过分析掉话率数据，能够诊断出超负荷运转的网络区域，进而优化网络布局，改善用户的服务体验。中国电信通过综合分析网络话务统计数据、指标数据和客户投诉数据，对无线网络中存在的信号覆盖不足、无主导小区的覆盖和切换问题进行诊断，并给出相应的优化措施。

2. 市场与精准营销

电信运营商为了拓展市场，通常会针对潜在用户推出各种直接营销活动；但是，传统营销方式存在目标客户定位不精确的问题，往往无法达到预期效果，造成营销资源的浪费，有时还会引起客户的反感甚至招致投诉。因此，利用大数据技术挖掘分析用户的真实需求，实现精准化营销，将有助于电信运营商扩大用户市场，增加经济效益。

在客户洞察方面，电信运营商基于客户基础数据（如年龄、性别等）、客户属性数据（如套餐订购信息、业务消费情况等）、行为属性数据（如

App 使用、内容访问、位置轨迹等）、营销接触数据等，识别客户特征与习惯偏好，为每个客户打上消费行为、上网行为和兴趣爱好的标签，从而完善客户的 360°画像。此外，电信运营商借助分类、聚类等数据挖掘技术建立客户超级细分模型，以便针对不同的客户群开展差异化营销。例如，意大利电信公司通过对客户数据的洞察，有效预测出收入状况和客户行为间的关联，并在此基础上推出诸多个性化产品来满足客户需求。

电信运营商在客户画像的基础上，建立以客户使用习惯、终端偏好、消费行为等数据为依据的营销模型，在推送渠道、推送时机、推送方式等方面满足客户的需求，实现精准营销。例如，中兴通讯为印度尼西亚电信运营商 Smartfren 建立的大数据营销平台，通过深度挖掘分析营销账单、计费、客服、信令等多元异构数据，实现了对目标市场和目标客户群的精准细分，准确识别出具有离网倾向的用户、潜在的数据业务用户及高价值用户等目标客户群，为市场营销活动提供了有力支撑。该平台的使用，使 Smartfren 公司的营销转化率提高到 6.6%，月利润增长了 3.1%，离网率降低到 0.8%，运营收益显著提升。

在通信网络中，用户行为具有社交属性。电信运营商可以通过分析客户通话记录、上网信息和驻留位置等多种行为特征，得到客户的社会交往结构信息，从而测算识别客户与客户之间关系所形成的圈子，判定圈子中各客户的角色（领袖者是谁，追随者是谁），形成企业对各个客户影响力和价值的判断，进而利用这些信息实施业务精准营销，开辟营销新渠道。例如，中国移动山东分公司根据用户终端类型、消费水平、活动区域、交往圈等信息，挖掘出社交网络中影响力较高的关键人物，并通过适当奖励的方式，鼓励这些用户作为推销员去发展 WLAN 业务的新客户，不仅高效提升了 WLAN 业务的渗透率，而且降低了整体的营销成本。

3. 客户关系管理

客户关系管理是现代企业维护经营利益、提高综合竞争力的有力武器。电信运营商通过大数据能够更全面、更深入地洞察客户需求，并以此推动企业形成更加科学、及时的运营管理决策，构建良好的客户关系，为企业高效运营管理提供保障。

客服中心是电信运营商与客户接触的第一界面，拥有丰富的数据资源。运用大数据技术，可以深入分析客服热线呼入客户的行为特征、访问路径、等候时长等，同时结合客户历史接触信息、套餐消费情况、业务特征、客户机型等数据，可以建立客户热线智能识别模型，从而在客户下次呼入前预测其大体需求和投诉风险，并以此为依据设计访问路径和处理流程，合理控制人工处理量，缩短处理时间，为客服中心内部流程优化提供数据支撑。运用大数据技术进行智能语义分析，还能识别热点问题及用户情绪，及时预警和进行优化，从而降低客户投诉率。

随着通信市场竞争日益激烈和需求逐渐饱和，电信运营商发展新用户的难度不断增大，而保持现有存量客户比获取新客户的成本要低很多，所以存量用户的维系保有成为企业经营的重中之重。为了增强客户黏性，降低流失率，电信运营商要关注客户近期消费行为的变化情况，利用客户离网预警模型评估客户离网、转网的概率，再结合客户画像系统、客户营销触点和场景进一步分析导致客户离网的原因，最后利用市场细分的各种技术手段，确定需要采取的应对策略。例如，T-Mobile公司利用Informatica（数据管理软件提供商）数据集成平台，对通话详单、网络日志、账单数据、社交媒体信息等数据进行综合分析，寻找高级客户流失原因并采取相应的挽留措施，最终使单个季度内的用户流失率减半。

生命周期理论是电信运营商开展客户关系管理的重要理论支撑。电信客户生命周期是指客户从开始进入电信运营网络、享受电信通信服务到退出该网络所经历的时间历程，大体分为客户获取、提升、成熟、衰退和离网 5 个阶段。在不同阶段，客户通信的消费量和给电信企业带来的利润都会发生一定的规律性变化，因此电信运营商需要根据各阶段的特点制定营销策略组合，以获取更大的经济效益。在客户获取阶段，通过大数据分析算法识别客户特征，发现潜在客户，并通过有效的营销渠道获得新客户。在客户提升阶段，对来自不同渠道的客户信息进行整合，准确了解客户偏好、购买习惯、价值取向等特征，然后采取关联规则等算法进行有针对性的销售，将客户培养成企业的高价值客户。在客户成熟阶段，通过 RFM（Recency，Frequency，Monetary）模型、聚类等方法对客户进行分群，并采取差异化营销策略进一步培养和维护客户对企业产品或服务的忠诚度。在客户衰退阶段，需要进行客户流失预警，提前发现高流失风险客户，努力挽留有价值的客户，延长其生命周期。在客户离开阶段，通过大数据挖掘算法分析客户离网的诱导因素，有针对性地开展客户保留和赢回计划，争取客户的重新回流。

4. 企业运营管理

大数据正在改变电信企业的运营管理决策方式，它不仅能为企业提供更多获取数据的渠道，而且使企业能够利用各种分析工具更加深刻全面地实现客户洞察，为企业形成及时、科学、有效的运营管理决策提供支撑。

在市场监测方面，电信运营商借助大数据技术跟踪分析客户使用各种业务、产品和服务的情况以及竞争对手的发展情况，筛选出有利于企业发展的市场信息，或者及时发现市场异常变化，以便采取科学合理的应对措施，使企业在激烈的市场竞争中立于不败之地。

在经营分析与决策支持方面，大数据技术能够对企业日常经营数据、用户数据、外部社交网络数据、技术和市场数据进行分析挖掘，并自动生成经营报告和专题分析报告，为企业决策者和各级管理者提供经营决策依据，从而提高电信运营商整体运营效率及企业核心竞争力。

在业务运营监控方面，电信运营商通过大数据分析可以从网络、业务、用户和业务量、业务质量、终端等多个维度对监控管道及客户运营情况进行洞察，构建灵活可定制的指标模块、指标体系和异动智能监控体系，从宏观到微观全方位快速、准确地掌控客户运营状况及异动原因。

（二）对外应用

对外数据服务是电信大数据应用的高级阶段。在这个阶段，电信运营商不再局限于利用大数据来提升内部管理效益，而是将数据封装成服务提供给行业客户，进而实现从单一网络服务提供商的管道模式向多元信息服务提供商的智能模式的转变。在这类应用中，电信运营商以大数据提供者的角色出现，向第三方开放数据或提供大数据分析服务，实现数据价值的货币化。

电信运营商早期的对外数据服务形式比较简单，是将源数据进行脱敏处理后，以售卖、租赁等方式直接提供给数据需求者，使其获得数据资产中所蕴含的价值。例如，T-Mobile 公司（跨国移动电话运营商）向数据挖掘企业等合作方提供部分用户的匿名地理位置数据，使之掌握人群出行规律，从而有效地与一些 LBS（Location Based Services，基于位置的服务）应用服务对接。这种直接出售数据的方式存在较高的信息安全风险，而且市场空间有限，难以成为电信运营商发展大数据对外服务的主要模式。

电信运营商拓展对外应用的主要方向是将大数据分析处理成果以服务的形式提供给合作伙伴，以满足其现实应用需求，帮助他们获取更大的社会经济价值。这种基于数据分析的服务模式具有丰富的用户需求和广阔的市场前景，是电信运营商未来实现大数据变现的核心价值点。目前，国内外电信运营商已积累了许多成功案例，涉及政务、交通、医疗、金融、旅游、教育等各个领域。以下列举部分案例。

在城市交通优化方面，法国电信公司 Orange 与 IBM 合作，对阿比让（科特迪瓦共和国的最大城市）500 万手机用户半年内产生的 2.5 亿条通话记录及位置数据进行预处理，从中筛选出与公交出行相关的 50 万条电话记录。通过对这些记录数据进行分析挖掘，帮助政府相关部门了解市民在城市中的流动规律、高峰时间段、持续时长等信息，为优化城市交通运输结构提供科学的决策依据。根据分析结果，当地政府决定新增两条线路、延长一条线路，这一举措为乘客节省了 10%的出行时间。

在医疗监测方面，日本电信运营商 NTT DoCoMo 在 2010 年率先尝试利用大数据解决方案实现医疗资源的社会化创新。NTT 针对日本老龄化明显的特点，为用户和各种专业医疗与保健服务提供商共同建立了一个标准、安全、可靠的生命参数采集和分发平台。该平台聚合了大量的用户健康监测信息、健康管理数据、医疗专业信息，网聚了大批医疗行业专业人士，根据用户行为挖掘其潜在需求并反馈给专业医疗人士，实现个性化服务。

在商业选址方面，西班牙电信公司 Telefónica 与市场研究机构 GFK 合作，在英国、巴西推出了名为“智慧足迹（Smart Steps）”的大数据产品。该产品采集手机用户的全天活动位置数据，从中分析出特定时段、特定区域内的人流情况及人员特征，从而帮助零售商了解该区域内的顾客来源、驻留时长、消费特征、消费能力等信息，为零售商新店规划选址、促销方式设计提供决策支撑。

在政府流动人口分析方面，电信运营商积累的用户身份、位置变化、消费行为等海量数据能够客观反映流动人口的发展状况及规律，为实现流动人口的快速动态监测、短周期内流动人口规模统计提供较为准确的判定依据，为预测流动人口发展趋势、指导流动人口服务管理政策的科学调整提供重要参考。例如，中国电信利用大数据技术对某省会城市辖区内流动人口的比例、构成及人群特点进行分析，预测出其在医疗卫生方面的需求，为政府相关部门推进服务建设、完善服务措施提供参考。

在金融征信方面，电信运营商基于客户基本信息、业务数据、消费数据、上网行为数据、位置数据等，实现用户特征的多维洞察，据此向金融行业输送个人通信征信信息，以弥补个人金融信用信息的缺失，提高个人信用的完整性。例如，中国移动东莞分公司与当地某银行在信用卡授信方面开展合作，利用移动公司拥有的客户实名信息和客户综合信用评分，为银行解决发放信用卡时面临的申请人资料真实性核验和信用卡额度评估等问题提供支持。

在旅游方面，电信运营商不仅拥有游客的姓名、年龄、性别、客源等静态数据，而且可以通过实时的信令数据分析获取游客的动态数据，如即时位置信息、旅游线路、在各景点的停留时长等。电信运营商通过对这些数据进行综合分析挖掘，提供旅游趋势预测、客源分析、智慧营销、人流量监控及预警、旅游交通规划等多个方面的服务，为景区信息化建设及市场推广提供数据支撑，为旅游管理和旅游营销提供决策支持。例如，中国移动河北分公司在秦皇岛等地市进行旅游大数据应用试点，通过对信令数据的采集和挖掘输出游客游览景区的行为规律，从而帮助旅游和景点管理部门掌握景区流量、优化景区设施。

第二节 大数据在生物医学领域中的应用

大数据在生物医学领域得到了广泛的应用。在流行疾病预测方面，大数据彻底颠覆了传统的流行疾病预测方式，使人类在公共卫生管理领域迈上了一个全新的台阶。在智慧医疗方面，通过打造健康档案区域医疗信息平台，利用先进的物联网技术和大数据技术实现了患者、医护人员、医疗服务提供商、保险公司之间的无缝、协同、智能的互联，让患者享受一站式的医疗、护理和保险服务。在生物信息学方面，大数据使得我们可以利用先进的数据科学知识，更加深入地了解生物学过程、作物表型、疾病致病基因等。

一、流行疾病预测

在公共卫生领域，流行疾病管理是一项关乎民众身体健康甚至生命安全的重要工作。一种疾病一旦在公众中暴发，就已经错过了最佳防控期，可能会危及生命以及造成较大的经济损失。如何采取有效措施对流行疾病进行预测成为一道难题。传统流行疾病预测机制已经无法有效应对各种疫情，基于大数据的流行疾病预测开辟了新的路径。

（一）传统流行疾病预测机制的不足

在传统的公共卫生管理中，一般要求医生在发现新型病例时上报给疾病控制与预防中心（以下简称“疾控中心”），疾控中心再对各级医疗机构上报的数据进行汇总分析，发布疾病流行趋势报告。然而，这种从下至上的处理方式存在一个致命的缺陷：流行疾病感染人群往往会在发病多日进入严重状态后才会到医院就诊，医生见到患者再上报给疾控中心，疾控中心经汇总进行专家分析后发布报告，然后相关部门会采取应对措施，整个过程会经历一个相对较长的周期，一般要滞后1～2周，而在这期间流行疾病可能已经快速蔓延，从而导致疾控中心发布预警时已经错过了最佳防控期。

（二）基于大数据的流行疾病预测

今天，大数据彻底颠覆了传统的流行疾病预测方式，使人类在公共卫生管理领域迈上了一个全新的台阶。以搜索数据和地理位置信息数据为基础，分析不同时空尺度人口流动性、移动模式和参数，进一步结合病原学、人口统计学、地理、气象、人群移动迁徙与地域等因素和信息建立流行疾病时空传播模型，确定流感等流行疾病在各流行区域间传播的时空路线和规律，得到更加准确的态势评估和预测结果。大数据时代广为流传的一个经典案例就是谷歌流感趋势预测。谷歌开发了一款可以预测流感趋势的工具——谷歌流感趋势，采用大数据分析技术，利用网民在谷歌搜索引擎输入的搜索关键词来判断全美地区的流感趋势。谷歌把5000万条美国人频繁检索的词条和美国疾控中心在2003—2008年季节性流感传播时期积累的数据进行了比较，并构建数学模型来实现流感预测。2009年，谷歌首次发布了冬季流行感冒预测结果，与官方数据的相关性高达97%。此后，谷歌多次将测试结果与美国疾控中心的报告做比对，发现两者的结论存在很大的相关性，从而证实了谷歌流感趋势预测结果的正确性和有效性。

其实，谷歌流感趋势预测的背后机制并不复杂。对于普通民众而言，感冒发烧是日常生活中经常发生的事情，有时候不闻不问，靠人体自身免疫力就可以痊愈，有时候简单服用一些感冒药或采用相关简单疗法也可以快速痊愈。相比之下，很少有人会首先选择去医院就医，因为医院不仅预约周期长，而且费用昂贵。因此，在网络发达的今天，遇到感冒这种小病，人们首先会想到求助于网络，希望在网络中迅速搜索到感冒的相关病症、治疗感冒的疗法或药物、就诊医院以及一些有助于治疗感冒的生活习惯等信息。作为占据市场主导地位的搜索引擎服务商，谷歌自然可以收集到大量网民关于感冒的相关搜索信息，通过分析某一地区在特定时期对感冒症状的搜索大数据，就可以得到关于感冒的传播动态和未来 7 天流行趋势的预测结果。

虽然美国疾控中心会不定期发布流感趋势报告，但显然谷歌的流感趋势报告要更加及时、迅速。美国疾控中心发布流感趋势报告是对下级各医疗机构上报的患者数据进行分析得到的，在时间上存在一定的滞后性。谷歌则是在第一时间收集到网民关于感冒的相关搜索信息后对其进行分析得到的结果。因为普通民众感冒后大多会首先寻求网络帮助而不是到医院就医。另外，美国疾控中心获得的患者样本数也明显少于谷歌，因为在所有感冒患者中，只有少部分重感冒患者才会最终去医院就医而进入官方的监控范围。

（三）基于大数据的流行疾病预测的重要作用

2015 年年初，非洲几内亚共和国、利比里亚共和国和塞拉利昂共和国等国家仍然受到埃博拉病毒的严重威胁。根据世界卫生组织（WHO）2014 年 11 月初发布的数据，已知埃博拉病毒感染病例为 13 042 例，死亡人数为 4818 人，并且疫情呈现出继续扩大蔓延的趋势。疾病防控工作人员迫切需要掌握疫情严重地区的人口流动规律，从而有针对性地制定疾病防控措施和投放医疗物资。在一些非洲国家，公共卫生管理水平相对较低，疾病防控工作人员模拟疾病传播的标准方式仍然是依靠人口普查数据和调查进行推断，不仅效率低下，而且准确性低，这些都给这场抗击埃博拉病毒的“战役”增加了很大的困难。因此，流行病学领域的研究人员认为，可以尝试利用通信大数据防止埃博拉病毒快速传播。当用户使用移动电话进行通信时，电信运营商网络会生成一个呼叫数据记录，包含主叫方和接收方、呼叫时间和处理这次呼叫的基站（能够粗略指示移动设备的位置）。通过对电信运营商提供的海量用户呼叫数据记录进行分析，就可以得到当地人口流动模式，疾病防控工作人员就可以预判下一个可能的疫区，从而对有限的医疗资源和相关物资进行有针对性的投放。

二、智慧医疗

随着医疗信息化的不断发展，智慧医疗逐渐走入人们的生活。加拿大多伦多的一家医院利用数据分析来避免早产儿夭折，医院采用先进的医疗传感器对早产婴儿的心跳等生命体征进行实时监测，每秒钟有超过3000 次的数据读取，系统会对这些数据进行实时分析并给出预警报告，使医生能够提前知道哪些早产儿可能出现健康问题，并且有针对性地采取措施。我国厦门、苏州等城市建立了先进的智慧医疗在线系统，可以实现在线预约、健康档案管理、社区服务、家庭医疗、支付清算等功能，极大地便利了市民就医，也提升了医疗服务的质量和患者满意度。可以说，智慧医疗正在深刻地改变着我们的生活。

智慧医疗是通过打造健康档案区域医疗信息平台，利用最先进的物联网技术和大数据技术实现患者、医护人员、医疗服务提供商、保险公司之间的无缝、协同、智能的互联，让患者享受一站式的医疗、护理和保险服务。智慧医疗的核心就是“以患者为中心”，给予患者全面、专业、个性化的医疗体验。

智慧医疗通过整合各类医疗信息资源，构建卫生领域的药品目录数据库、居民健康档案数据库、影像数据库、检验数据库、医疗人员数据库、医疗设备数据库这六大基础数据库，使医生可以随时查阅病人的病历、治疗措施和保险细则，随时随地快速制定诊疗方案，使患者可以自主选择更换医生或医院，患者的转诊信息及病历可以在任意一家医院通过医疗联网的方式调阅。智慧医疗具有以下三个优点。

（一）促进优质医疗资源共享

我国医疗体系存在一个突出问题，即优质医疗资源集中分布在大城市、大医院，部分社区医院和乡镇医院的医疗资源配置明显偏弱，使得患者纷纷涌向大城市、大医院就医，造成这些医院人满为患，患者的诊疗体验很差，而社区、乡镇医院因为缺少患者又进一步限制了其自身发展。要有效解决医疗资源分布不均衡的问题，当然不能奢望在小城镇建设大医院，这样做只会进一步提高医疗成本，智慧医疗给这一问题的解决指明了正确的大方向：一方面，社区医院和乡镇医院可以无缝连接到市区中心医院，实时获取专家建议、安排转诊或接受培训；另一方面，一些远程医疗器械可以实现远程医疗监护，不需要患者专门去医院做检查，如无线云安全自动血压计、无线血糖仪、红外线温度计等传感器，可以实时监测患者的生命体征数据，并实时传输给相关医疗机构，从而使患者获得及时有效的远程治疗。

（二）避免患者重复检查

以前，患者每到一家医院都需要在这家医院购买并填写新的信息卡和病历，重复做在其他医院已经做过的各种检查，不仅耗费了患者大量的时间和精力，影响患者情绪，也浪费了国家宝贵的医疗资源。智慧医疗系统实现了不同医疗机构之间的信息共享，在任何医院就医时，只需输入患者的居民身份证号码，就可以立即获得患者的所有医疗信息，包括既往病史、检查结果、治疗记录等，再也不需要在转诊时做重复检查。

（三）促进医疗智能化

智慧医疗系统可以对病患的生命体征、治疗等信息进行实时监测，从而杜绝用错药、打错针等现象发生，系统还可以自动提醒医生和病患进行复查，提醒护士发药、巡查等工作。此外，系统可以利用历史累积的海量患者医疗数据构建疾病诊断模型，根据新入院的病人的各种病症自动诊断该病人可能患有哪种疾病，从而为医生诊断提供辅助依据。未来，患者服药方式也将变得更加智能化，无须再采用“一日三次，一次一片”这种固定的方式，智慧医疗系统会自动检测患者血液中的药剂是否已经代谢完成，只有当药剂代谢完成时才会自动提醒患者再次服药。此外，可穿戴设备的出现使医生能实时监控病人的心率、睡眠等信息，及时制定各种有效的治疗方案。

三、生物信息学

生物信息学（Bioinformatics）是研究生物信息的采集、处理、存储、传播、分析和解释等方面的学科，它综合利用生物学、计算机科学和信息技术揭示了大量复杂的生物数据中所蕴含的生物学奥秘。

和互联网数据相比，生物信息学领域的数据更是典型的大数据。首先，细胞、组织等结构都是具有活性的，其功能、表达水平甚至分子结构在时间维度上是连续变化的，而且很多背景噪声会导致数据不准确；其次，生物信息学数据具有多个维度，在不同维度组合方面，生物信息学数据的组合性要明显大于互联网数据，前者往往会表现出“维度组合爆炸”，比如所有已知物种的蛋白质分子的空间结构预测，仍然是分子生物学的一个重大课题。

生物数据主要是基因组学数据。在全球范围内有各种基因组计划启动，越来越多的生物体的全基因组测序工作已经完成或正在开展，随着人类基因组测序的成本从 2000 年的 1 亿美元左右降至如今的 1000 美元左右，未来会有更多的基因组大数据产生。除此以外，蛋白组学、代谢组学、转录组学、免疫组学等也是生物大数据的重要应用场景。每年全球都会新增 EB 量级的生物数据，生命科学领域已经迈入大数据时代，生命科学正面临从实验驱动向大数据驱动的转型。

生物大数据使我们可以利用先进的数据科学知识更加深入地了解生物学过程、作物表型、疾病致病基因等。将来每个人都可能拥有一份自己的健康档案，档案中包含了个人日常健康数据（各种生理指标，饮食、起居、运动习惯等）、基因序列和医学影像（CT、B 超检查结果）。利用大数据分析技术可以根据个人健康档案有效预测个人健康趋势，并为其提供疾病预防建议，从而达到“治未病”的目的。由此生物大数据将会产生巨大的影响力，使生物学研究迈入一个全新的阶段，甚至会形成以生物学为基础的新一代产业革命。

世界各国非常重视生物大数据的研究。2014 年，美国政府启动计划加强对生物医学大数据的研究，英国政府启动“医学生物信息学计划”，投资约 3200 万英镑大力支持生物医学大数据研究。国际上已经有美国国家生物技术信息中心、欧洲生物信息研究所和日本 DNA 数据库等生物数据中心，专门从事生物信息管理、汇聚、分析、发布等工作。各国也纷纷设立专业机构，加大对生物大数据人才的培养力度，以促进生物大数据产业的快速发展。

第三节　大数据在物流领域中的应用

智能物流是大数据在物流领域的典型应用。智能物流融合了大数据、物联网和云计算等新兴 IT 技术，使物流系统能模仿人的智能，实现物流资源优化调度和有效配置，提升物流系统的效率。自 2010 年 IBM 提出“智能物流”概念以来，智能物流在全球范围内得到了快速发展。在我国，阿里巴巴联合多方力量共建“中国智能物流骨干网”，计划用 8～10 年时间建立一张能支撑日均 300 亿元（年度约 10 万亿元）网络零售额的智能物流骨干网络，支持数千万家新型企业成长发展，使中国范围内的所有地区都能做到 24 小时内送货必达。

大数据技术是智能物流发挥重要作用的基础和核心，物流行业在货物流转、车辆追踪、仓储等各个环节都会产生海量数据，分析这些物流大数据，将有助于我们深刻认识物流活动背后隐藏的规律，从而优化物流过程，提升物流效率。

一、智能物流的概念

智能物流，又称“智慧物流”，是利用智能化技术使物流系统能模仿人的智能，具有思维、感知、学习、推理判断和自行解决物流中某些问题的能力，从而可以实现物流资源优化调度和有效配置、物流系统效率提升的一种现代化物流管理模式。

智能物流概念源自2010年IBM发布的研究报告《智慧的未来供应链》，该报告通过对全球供应链管理者的调研，归纳出成本控制、可视化程度、风险管理、消费者日益增长的严苛需求、全球化五大供应链管理挑战。为应对这些挑战，IBM首次提出“智慧供应链”的概念。

智慧供应链具有先进化、互联化、智能化三大特点。先进化是指数据多由感应设备、识别设备、定位设备产生，替代人为获取。这使得供应链实现了动态可视化自动管理，包括自动库存检查、自动报告存货位置错误。互联化是指整体供应链联网，不仅包括客户、供应商、IT系统的联网，也包括零件、产品及智能设备的联网。联网赋予了供应链整体计划决策能力。智能化是指通过仿真模拟和分析帮助管理者评估多种可能性选择的风险和约束条件。这就意味着供应链具有学习、预测和自动决策的能力，无须人为介入。

智能物流概念经历了自动化、信息化和网络化三个发展阶段。自动化阶段是物流环节的自动化，即物流管理按照既定的流程自动化操作的过程；信息化阶段是指现场信息自动获取与判断选择的过程；网络化阶段是指将采集的信息通过网络传输到数据中心，由数据中心做出判断与控制，进行实时动态调整的过程。

二、智能物流的作用

（一）提高物流的信息化和智能化水平

物流的信息化和智能化不仅限于库存水平的确定、运输道路的选择、自动跟踪系统的控制、自动分拣系统的运行、物流配送中心的管理等问题，物品信息也将存储在特定数据库中，并能根据特定情况做出智能化的决策和建议。

（二）降低物流成本和提高物流效率

由于交通运输、仓储设施、信息发布、货物包装和搬运等对信息的交互和共享要求比较高，因此可以利用物联网技术对物流车辆进行集中调度，有效提高运输效率；利用超高频RFID标签读写器实现仓储进出库管理，可以快速掌握货物的进出库情况；利用RFID标签读写器建立智能物流分拣系统，可以有效地提高生产效率并保证系统的可靠性。

（三）提高物流活动的一体化

通过整合物联网相关技术，集成分布式仓储管理及流通渠道建设，可以实现物流中包装、装卸、运输、存储等环节全流程一体化的管理模式，从而高效地提供客户满意的物流服务。

三、智能物流的应用

智能物流有着广泛的应用。国内许多城市都围绕智慧港口、多式联运、冷链物流、城市配送等着力推进物联网在大型物流企业、大型物流园区的系统级应用的开发；还可以将射频标签识别技术、定位技术、自动化技术及相关的软件信息技术集成到生产及物流信息系统领域，探索利用物联网技术实现物流环节的全流程管理模式，开发面向物流行业的公共信息服务平台，优化物流系统的配送中心网络布局，集成分布式仓储管理及流通渠道建设，从而最大限度地减少物流环节、简化物流过程，提高物流系统的快速反应能力；此外，还可以进行跨领域信息资源整合，建设基于卫星定位、视频监控、数据分析等技术的大型综合性公共物流服务平台，发展供应链物流管理。

四、大数据是智能物流的关键

物流领域有两个著名的理论——“黑大陆”说和“物流冰山”说。管理学家德鲁克提出了“黑大陆说”，他认为，在流通领域中物流活动的模糊性尤其突出，是流通领域中最具潜力的领域。日本早稻田大学教授西泽修用物流成本的具体分析论证了德鲁克的“黑大陆”说，提出人们对物流费用的了解是一片空白，甚至有很大的虚假性。他认为，物流就像一座冰山，其中沉在水面以下的是我们看不到的黑色区域，这部分就是“黑大陆”，是物流尚待开发的领域，也是物流的潜力所在。这两个理论旨在说明物流活动的模糊性和巨大潜力。对于如此模糊而又具有巨大潜力的领域，我们该如何去了解、掌控和开发呢？答案就是借助于大数据技术。

发现隐藏在海量数据背后的有价值的信息，是大数据的重要商业价值。物流行业在货物流转、车辆追踪、仓储等各个环节都会产生海量的数据，有了这些物流大数据，所谓的物流“黑大陆”将不复存在，如果能够充分分析和挖掘这些数据中隐藏的价值，就能够帮助我们找到物流市场的潜力所在，也就是未来物流领域的新蓝海。换句话说，大数据是打开物流领域这块神秘的“黑大陆”的大门的一把金钥匙。借助大数据技术可以对各个物流环节的数据进行归纳、分类、整合、分析和提炼，为企业战略规划、运营管理和日常运作提供重要支持和指导，从而有效提升物流行业的整体服务水平。

大数据将推动物流行业从粗放式服务到个性化服务的转变，甚至颠覆整个物流行业的商业模式。通过对物流企业内部和外部相关信息的收集、整理和分析，可以实现为每个客户量身定制个性化的产品，提供个性化的服务。

五、中国智能物流骨干网——“菜鸟”

“菜鸟”是阿里巴巴集团旗下的物流服务品牌，它提供全球范围内的物流服务，涵盖了国内、国际、跨境等多种物流服务。

（一）“菜鸟”简介

2013年5月28日，阿里巴巴集团、银泰集团联合复星集团、富春控股、顺丰集团、“三通一达”（申通、圆通、中通、韵达）、宅急送、汇通及相关金融机构共同宣布，联手共建“中国智能物流骨干网”，又名“菜鸟”。“菜鸟”第一期投入1000亿元人民币，以建立一张能支撑日均300亿元（年度约10万亿元）网络零售额的智能物流骨干网络，支持数千万家新型企业成长发展，让中国范围内所有地区均能做到24小时内送货必达。不仅如此，“菜鸟”还提供充分满足个性化需求的物流服务，如用户在网购下单时可以选择“时效最快”“成本最低”“最安全”“服务最好”等多种快递服务组合类型。

“菜鸟”网络由物流仓储平台和物流信息系统构成。物流仓储平台由8个左右大仓储节点、若干个重要节点和更多城市节点组成。大仓储节点针对东北、华北、华东、华南、华中、西南和西北七大区域，选择其中心位置进行仓储投资。物流信息系统整合了所有服务商的信息系统，实现了骨干网内部的信息统一，同时该系统向所有的制造商、网商、快递公司、第三方物流公司完全开放，有利于物流生态系统内各参与方利用信息系统开展各种业务。

（二）大数据是支撑“菜鸟”的基础

“菜鸟”是阿里巴巴整合各方力量实施的“天网+地网”计划的重要组成部分。所谓“地网”，是指阿里巴巴的中国智能物流骨干网，最终将建设成为一个全国性的超级物流网。所谓“天网”，是指以阿里巴巴旗下多个电商平台（淘宝、天猫等）为核心的大数据平台，由于阿里巴巴的电商业务量极大，该平台上聚集了众多的商家、用户、物流企业，每天都会发生大量的在线交易，因此该平台掌握了网络购物物流需求数据、电商货源数据、货流量与分布数据及消费者长期购买习惯数据等海量数据信息。物流公司通过大数据分析优化仓储选址、干线物流基础设施建设及物流体系建设，并根据商品需求分析结果提前把货物配送到需求较为集中的区域，做到“买家没有下单，货就已经在路上”，最终实现“以天网数据优化地网效率”的目标。有了“天网”数据的支撑，阿里巴巴可以充分利用大数据技术为用户提供个性化的电子商务和物流服务。用户从“时效最快”“成本最低”“最安全”“服务最好”等选项中选择快递服务组合类型后，阿里巴巴会根据快递公司以往的服务情况、各个分段的报价情况、即时运力资源情况、该流向的即时件量等信息，融合天气预测、交通预测等数据，进行相关的大数据分析，从而得到满足用户需求的最优线路方案供用户选择，并把相关数据分发给各个物流公司使其完成物流配送。

可以说，“菜鸟”计划的关键在于信息整合，而不是资金和技术的整合。阿里巴巴的“天网”和“地网”必须把供应商、电商企业、物流公司、金融企业、消费者的各种数据全方位、透明化地加以整合、分析、判断，并将其转化为电子商务和物流系统的行动方案。

一年一度的“双十一”购物狂欢节是中国网民的一大“盛事”，也是对智能物流网络的一大考验。在每年的“双十一”活动中，阿里巴巴都会结合历史数据对进入“双十一”的商家名单、备货量等信息进行分析，提前对“双十一”订单量做出预测，精确到每个区域、网点的收发量，并将所有信息与快递公司共享，使快递公司的运力布局调整更加精准。“菜鸟”网络还将数据向电商企业开放，如果某个区域的快递压力明显增大，“菜鸟”网络就会通知电商企业错峰发货，或是提早与消费者进行沟通，快递公司亦可及时调配运力。天猫“双十一”购物节数据显示，大数据已经开始全面发力，阿里巴巴搭建的规模庞大的IT基础设施已经可以很好地支撑购物节当天交易额达数百亿元的惊人交易量，同时以大数据为驱动，天猫已经借助智能物流体系——“菜鸟”实现预发货，从而实现“买家没有下单，货就已经在路上”。

（三）“菜鸟”发展畅想

外界猜测，“菜鸟”更倾向于打造基于大数据的中转中心或调度中心、结算中心，打通阿里巴巴内部系统与其他快递公司系统，通过转运中心使买家从不同卖家购买的商品包裹实现合并，从而节省配送费用。

第四节 大数据在体育和娱乐领域中的应用

大数据在体育和娱乐领域也得到了广泛应用，包括训练球队、投拍影视作品、预测比赛结果等。

一、训练球队

《点球成金》是2011年颇受市场好评的一部美国电影，讲述了一个小人物利用数据击败大专家的故事。在美国职业棒球大联盟MLB中，电影主人公比利所属的奥克兰运动家棒球队败给了财大气粗的纽约扬基棒球队，这让他深受打击。屋漏偏逢连夜雨，随后球队的3名主力队员相继被其他球队重金挖走，对于奥克兰运动家棒球队而言，几乎看不到赢得未来赛季的希望。在管理层会议上，大家苦无对策，都满脸愁容，只有比利暗下决心改造球队。很快，事情便迎来了转机，比利在一次偶然的机会中认识了耶鲁大学经济学硕士彼得，两人一拍即合、相谈甚欢，他们在球队运营理念方面可谓“志同道合”。于是，比利聘请彼得作为自己的球队顾问，一起研究如何采用大数据打造出一支最高胜率的球队。他们用数学建模的方式挖掘上垒率方面的潜在明星，并通过各种诚恳的方式极力邀请对方加盟球队。对此，球队管理层的其他人员时常冷嘲热讽，但是两人丝毫不受外界干扰，只是全身心投入球队技能、战术方案研究中。终于，新的赛季开始了，通过获取和运用大量的球员统计数据，比利最终以只有顶级球队 1/3 的预算成功打造出一支攻无不克、战无不胜的实力型棒球队。

这只是电影中的场景，实际上类似的故事正在我们的身边悄悄上演，比如大数据正在影响着绿茵场上的较量。以前，一支球队的水平一般取决于球员天赋和教练经验，然而在 2014 年的巴西世界杯上，德国队在首轮比赛中就以 4∶0 大胜葡萄牙队，有力证明了大数据可以有效帮助一支球队进一步提升整体实力和水平。

德国队在世界杯开始前就与 SAP 公司签订合作协议，SAP 公司提供一套基于大数据的足球解决方案 SAP Match Insights（SAP 公司研发的一款大数据产品），帮助德国队提高足球运动水平。德国队球员的鞋、护胫以及训练场地的各个角落都被放置了传感器，这些传感器可以捕捉包括跑动、传球在内的各种细节动作和位置变化数据，并实时回传至 SAP 平台进行处理分析，教练只需要使用平板电脑就可以查看关于所有球员的各种训练数据和影像，了解每个球员的运动轨迹、进球率、攻击范围等数据，从而深入发掘各个球员的优劣势，为有针对性地提出对每个球员的改进建议和方案提供重要的参考信息。

整个训练系统产生的数据体量庞大，设想一下，10 个球员用 3 个球进行训练，10 分钟就能产生 700 万个可供分析的数据点。如此海量的数据，单纯依靠人力是无法在第一时间内得到有效的分析结果的，SAP Match Insights 采用内存计算技术实现实时报告生成。在正式比赛期间，运动员和场地上都没有传感器，SAP Match Insights 就对现场视频进行分析，通过图像识别技术自动识别每个球员，并且记录他们跑动、传球等数据。

正是基于海量数据和科学的分析结果，德国队制订了有针对性的球队训练计划，为出征巴西世界杯做了充足的准备。在巴西世界杯期间，德国队也用这套系统进行赛后分析，及时改进战略和战术，最终顺利夺得2014年巴西世界杯冠军。

二、投拍影视作品

在市场经济下，影视作品必须能够深刻了解观众的观影需求才能够在市场上获得成功。否则，就算邀请了金牌导演、明星演员和实力编剧，拍出的作品可能也会无人问津。因此，投资方在投拍一部影视作品之前，需要通过各种有效渠道了解观众当前关注什么题材、追捧哪些明星等信息，再据此决定投拍什么作品。

以前，分析什么作品容易得到观众的认可通常是专业人士凭借多年市场经验做出判断，或者简单采用“跟风策略”，观察已经播放的影视作品中哪些比较受欢迎，就投拍类似题材的作品。现在，大数据可以帮助投资方做出明智的选择，《纸牌屋》获得巨大成功就是典型例证。

《纸牌屋》的成功得益于Netflix（美国奈飞公司）对海量用户数据的积累和分析。Netflix是全球最大的在线影片租赁服务商，在美国有约2700万订阅用户，在全球有约3300万订阅用户，订阅用户每天会在Netflix上产生3000多万个行为，如用户暂停、回放或者快进时都会产生一个行为，订阅用户每天还会给出约400万个评分以及300万个询问剧集播放时间和设备的搜索请求。由此可以看出，Netflix几乎比所有人都清楚大家喜欢看什么。Netflix通过对公司积累的海量用户数据进行分析发现，奥斯卡奖得主凯文·史派西、金牌导演大卫·芬奇和英国小说《纸牌屋》具有非常高的用户关注度，于是Netflix决定融合三者投拍一部连续剧，并对它的成功寄予了厚望。事实证明，这是一次非常正确的投资决定，《纸牌屋》播出后一炮打响，风靡全球，大数据再一次证明了自己的威力和价值。

三、预测比赛结果

利用大数据预测比赛结果是具有一定科学依据的，它用数据来说话，通过对海量相关数据进行综合分析得出一个预测判断。从本质上而言，大数据预测就是基于大数据和预测模型预测未来某件事情发生的概率。2014 年巴西世界杯期间，利用大数据预测比赛结果成为球迷关注的焦点。百度、谷歌、微软和高盛等行业巨头竞相利用大数据技术预测比赛结果，其中以百度的预测结果最为亮眼，预测了全程 64 场比赛，准确率为 67%，进入淘汰赛后准确率提高至 94%。百度的做法是，检索过去 5 年内全世界 987 支球队（含国家队和俱乐部队）的 3.7 万场比赛数据，同时，与中国彩票网站乐彩网、欧洲必发指数数据供应商 SPDEX 进行数据合作，导入博彩市场的预测数据，建立了一个囊括 199 972 名球员和 1.12 亿条数据的预测模型，并在此基础上进行结果预测。

第五节 大数据在安全领域中的应用

大数据对于有效保障国家安全发挥着越来越重要的作用，比如应用大数据技术防御网络攻击，警察应用大数据工具预防犯罪，等等。

一、应用大数据技术防御网络攻击

网络攻击是指利用网络存在的漏洞和安全缺陷，对网络系统的硬件、软件及其系统中的数据进行攻击。早期的网络攻击并没有明显的目的性，只是一些网络技术爱好者的个人行为，且攻击目标具有随意性，只是为验证和测试各种漏洞的存在，不会给相关企业带来明显的经济损失。然而，随着 IT 技术深度融入企业运营的各个环节，绝大多数企业的日常运营已经高度依赖各种 IT 系统。一些有组织的“黑客”开始利用网络攻击获取经济利益，或者受雇于某企业去攻击竞争对手的服务器使其瘫痪而无法开展各项业务，或者通过网络攻击某企业服务器向对方勒索“保护费”，或者通过网络攻击获取企业内部商业机密文件。发送垃圾邮件、伪造杀毒程序，是“黑客”渗透到企业网络系统的主要攻击手段，这些网络攻击给企业造成了巨大的经济损失，直接危及企业生存。企业损失位居前三位的是知识产权泄密、财务信息失窃以及客户个人信息被盗，一些公司甚至因知识产权被盗而破产。

过去，企业为了保护计算机的安全，通常会购买瑞星、江民、金山、卡巴斯基、赛门铁克等公司的杀毒软件安装到本地运行，在执行杀毒操作时，程序会对本地文件进行扫描，并和安装在本地的病毒库文件进行匹配。如果某个文件与病毒库中的某个病毒特征匹配，就说明该文件感染了这种病毒，系统会发出报警，如果没有匹配，即使该文件是一个病毒文件，系统也不会发出报警。因此，病毒库是否保持及时更新，会直接影响到杀毒软件对计算机中的文件是否已感染病毒的判断。网络上不断有新的病毒产生，网络安全公司会及时发布最新的病毒库供用户下载或者升级用户本地病毒库，这就导致用户本地病毒库规模越来越大，本地杀毒软件需要耗费越来越多的硬件资源和时间来进行病毒特征匹配，严重影响了计算机系统对其他应用程序的响应速度，给用户带来的直观感受就是，一旦运行杀毒软件，计算机响应速度就会明显变慢。因此，随着网络攻击的日益增多，采用特征库判别法显然已经过时。

云计算和大数据的出现，为网络安全产品发展带来了深刻的变革。基于云计算和大数据技术的云杀毒软件，已经被广泛应用于企业信息安全保护。在云杀毒软件中，识别和查杀病毒不再仅靠用户本地病毒库进行，而是依托庞大的网络服务进行实时采集、分析和处理，使得整个互联网成为一个巨大的“杀毒软件”。云杀毒通过网状的大量客户端对网络中异常的软件行为进行监测，以获取互联网中木马、恶意程序的最新信息并传送到“云”端，利用先进的云计算基础设施和大数据技术进行自动分析和处理，及时发现未知病毒代码、未知威胁、0day漏洞等恶意攻击，再把病毒和木马的解决方案分发到每一个客户端。

二、警察应用大数据工具预防犯罪

谈到警察破案，我们的头脑中会迅速闪过各种英雄神探的画面，从外国侦探小说中的福尔摩斯、动画作品中的柯南，到国内影视剧作品中

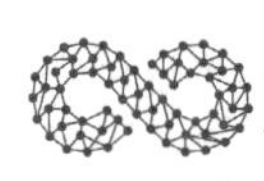

的神探狄仁杰，这些人物无一不是思维缜密、机智善谋，能够抓住罪犯留下的蛛丝马迹从而获得案情的重大突破。然而，这些毕竟只是文艺作品中的“人造”英雄，并不是我们生活中发生的真实的故事，在现实中的警察队伍里，很少有这样的“神探”。

然而，有了大数据的帮助，“神探”将不再是一个遥不可及的名词，也许以后每个普通警察都能熟练运用大数据工具把自己武装成一个“神探”。大数据工具可以帮助警察分析历史案件，发现犯罪趋势和犯罪模式，甚至能够通过分析闭路电视、电子邮件、电话记录、金融交易记录、犯罪统计数据、社交网络数据等来预测犯罪。据国外媒体报道，美国纽约警方已经在日常办案过程中引入了大数据分析工具。通过采用计算机化的地图以及对历史逮捕模式、发薪日、体育项目、降雨天气和假日等变量进行分析，警察能够更加准确地了解犯罪模式，从而预测出最可能发生案件的“热点”地区，并预先在这些地区部署警力，提前预防犯罪的发生，进而降低当地的犯罪率。此外，还有一些大数据公司可以为警方提供整合了指纹、掌纹、人脸图像、签名等一系列信息的生物信息识别系统，从而帮助警察快速地搜索所有相关的图像记录及案件卷宗，以提高办案效率。洛杉矶警察局利用大数据分析软件成功地使辖区内的盗窃犯罪案件数量降低了33%，使暴力犯罪案件数量降低了21%，使财产类犯罪案件数量降低了12%。洛杉矶警察局把过去80年内的130万条犯罪记录输入了一个数学模型，这个模型原本用于地震余震的预测，由于地震余震模式和犯罪再发生的模式类似——在地震（犯罪）发生后，在附近地区发生余震（犯罪）的概率很高，于是被巧妙地嫁接到犯罪预测中，并获得了很好的效果。在欧洲，当地警方和美国麻省理工学院研究人员合作，利用电信运营商提供的手机通信记录绘制了伦敦犯罪事件预测地图，大大提高了警方的出警率，降低了警力部署成本。

第六节　大数据在餐饮行业中的应用

大数据在餐饮行业中得到了广泛的应用，包括由大数据驱动的团购模式以及利用大数据为用户推荐消费内容、调整线下门店布局和控制人流量等。

一、餐饮行业拥抱大数据

餐饮行业不仅竞争激烈，而且利润微薄，经营和发展比较艰难。在我国，餐饮行业难做也是不争的事实。一方面，人力成本、食材价格不断上涨；另一方面，房地产泡沫导致店面租金连续快速上涨，各种经营成本高企，导致许多餐饮企业陷入困境。因此，在全球范围内，不少餐饮企业开始进行大数据分析，以便更好地了解消费者的喜好，从而改善企业自身的菜品结构和服务，以获得竞争优势，这在一定程度上帮助企业实现了收入增长。

Food Genius 是一家总部位于美国芝加哥的公司，聚合了来自美国各地餐馆的菜单数据，对 35 万多家餐馆的菜单项目进行跟踪，以帮助餐馆更好地确定价格、菜品和营销策略。这些数据可以帮助餐馆获得商机，并判断哪些菜品可能获得成功，从而减少菜单变化所带来的不确定性。Avero 餐饮软件公司则通过对餐饮企业内部运营数据进行分析，帮助企业提高运营效率，如制定什么样的战略可以提高销量，在哪个时间段开展促销活动效果最好，等等。

2014 年 5 月上旬，我国知名餐饮连锁企业湘鄂情公告称其已与中国科学院计算技术研究所签订协议，共建“网络新媒体及大数据联合实验室”，未来将基于大数据产业生态环境，围绕新一代视频搜索、云搜索平台及新媒体社交三个方向展开产业模式创新、关键技术攻关和产业应用推广等全方位合作。

二、餐饮 O2O

餐饮线上到线下（Online To Offline，O2O）模式是指无缝整合线上线下资源，形成以数据驱动的 O2O 闭环运营模式。为此，需要建立线上 O2O 平台，提供在线订餐、点菜、支付、评价等服务，并根据消费者的消费行为进行有针对性的推广和促销。整个 O2O 闭环过程包括两个方面的内容：一是实现从线上到线下的引流，即把线上用户引导到线下实体店进行消费；二是把用户从线下再引到线上，引导用户对用餐体验进行评价，并和其他用户进行互动交流，共同提出指导餐饮店改进餐饮服务和菜品的意见。两个方面都实现后，就形成了线上线下的闭环运营。

在 O2O 闭环模式中，大数据扮演着重要的角色，为餐饮企业带来了可观的实际收益。首先，可以利用大数据驱动的团购模式，在线上聚集大批团购用户；其次，可以利用大数据为用户推荐消费内容；最后，可以利用大数据调整线下门店布局和控制店内人流量。

（一）大数据驱动的团购模式

2014 年 5 月 16—18 日，百度糯米推出“5·17 吃货节”活动，该活动覆盖了北京、上海、成都、西安和厦门 5 座城市，活动期间，每天 9：17 至 20：17，五大活动城市分别推出 12 道供秒杀的菜品及拥有最美味食物的数百家餐厅团单，单个秒杀菜品只售 5.17 元，网友只需登录百度糯米手机客户端就能参与秒杀活动，尽享特色美食。

百度糯米“5·17 吃货节”活动，依托百度平台对用户在百度搜索引擎的搜索关键词、用户和餐饮店所在的地理位置及用户浏览数据等信息进行综合分析，提炼出针对特定对象的有效数据，以辅助相关产品的运营和推广。该活动属于典型的以大数据为驱动的团购模式。一方面，在线上，百度对餐饮 O2O 平台所累积的海量用户数据进行分析，找出某地用户最喜欢吃什么以及哪些好的餐饮店可以提供这类小吃，以此来吸引更多的用户，使之产生消费欲望；另一方面，在线下，百度邀请这些店来参加百度糯米团购，以此汇聚更多的餐饮店资源，扩大在线推广的影响力和吸引力。

（二）利用大数据为用户推荐消费内容

腾讯、百度、阿里巴巴三家公司是国内互联网领域的代表，网民的日常生活已经与三大公司提供的产品和服务完全融为一体。公众每天都需要通过 QQ、微信和别人进行沟通交流，通过百度搜索各种网络资料，通过淘宝在线购买各种商品。公众的日常工作和生活已经逐渐网络化、数字化，并在网络中留下了大量的活动轨迹。凭借着所拥有的海量的用户数据资源，三大公司都在致力于打造智能的数据平台，并把数据转化为商业价值。通过对海量用户数据进行分析，三大公司很容易获得用户消费偏好的相关数据，并据此为用户推荐相关餐饮店，所以当用户还没有明确的消费想法的时候，这些互联网公司就已经告知用户今晚应该吃什么以及去哪里吃。

（三）利用大数据调整线下门店布局

对于许多餐饮连锁企业而言，门店选址是一个需要科学决策、合理安排的重要问题，既要考虑门店租金成本和人流量，也要考虑门店的服务辐射区域。“棒！约翰”等快餐企业已经能够根据“送外卖”产生的数据调整门店布局，使得门店的服务效率最大化。

“棒！约翰”通过“3个统一”实现了线上线下的有效融合，即将订单统一到服务中心、对供应链进行统一整合、对用户体验进行统一，由此形成的O2O闭环，使企业可以及时、有效地获得关于企业运营和用户的各种信息，长期累积的数据资源更是构成了大数据分析的基础，可以分析得到最优的门店布局策略，实现以消费者为导向的门店布局。

（四）利用大数据控制店内人流量

以麦当劳为代表的一些餐饮公司，通过视频分析顾客等候队列的长度自动变化电子菜单显示的内容。如果队列较长，则显示可以快速供给的食物，以减少顾客的等待时间；如果队列较短，则显示那些利润较高但准备时间相对较长的食品。这种利用大数据控制店内人流量的做法，不仅可以有效提升用户体验，而且可以实现服务效率和企业利润的完美结合。

第七节　大数据在零售行业中的应用

大数据在零售行业中的应用主要包括发现关联购买行为、客户群体细分和供应链管理等。

一、发现关联购买行为

谈到大数据在零售行业中的应用，就不得不提到一个经典的营销案例——尿布与啤酒。在一家超市，有个有趣的现象——尿布和啤酒赫然被摆在一起出售，但是这个“奇怪的举措”使尿布和啤酒的销量双双增加了。这不是奇谈，而是发生在美国沃尔玛连锁超市的真实案例，并一直为商家所津津乐道。

其实，只要分析一下人们在日常生活中的行为，上述现象就不难理解了。在美国，妇女一般在家照顾孩子，她们经常会嘱咐丈夫在下班回家的路上顺便去超市买些尿布，而男人进入超市后，在购买尿布的同时通常会顺手买几瓶自己爱喝的啤酒。因此，商家把啤酒和尿布放在一起销售，男人在购买尿布的时候看到啤酒就会产生购买的冲动，从而增加了商家的啤酒销量。

现象不难理解，问题的关键在于商家是如何发现这种关联购买行为的？不得不说，大数据技术在这个过程中发挥了至关重要的作用。沃尔玛拥有世界上最大的数据仓库系统，积累了大量原始交易数据，利用这些数据对顾客的购物行为进行“购物车分析”，就可以准确了解顾客在其门店的购买习惯。沃尔玛通过数据分析和实地调查发现，在美国，一些年轻父亲下班后经常要到超市去买婴儿尿布，而他们中有30%～40%的人会同时为自己买一些啤酒。既然尿布与啤酒一起被购买的概率很高，沃尔玛就在各个门店将尿布与啤酒摆放在一起，结果尿布与啤酒的销售量双双增长。尿布与啤酒，乍一看，可谓是“风马牛不相及”，然而借助大数据技术，沃尔玛对顾客历史交易记录进行数据挖掘，得到尿布与啤酒二者之间存在的关联性，并用来指导商品的组合摆放，最终获得了意想不到的好效果。

二、客户群体细分

《纽约时报》发布过一条引起全美轰动的关于美国第二大零售超市Target（塔吉特）百货公司成功推销孕妇用品的报道，让人们再次感受到了大数据的魅力。众所周知，对于零售业而言，孕妇是一个非常重要的消费群体，具有很大的消费潜力，孕妇从怀孕到生产的全过程，需要购买保健品、无香味护手霜、婴儿尿布、爽身粉、婴儿服装等各种商品，表现出孕妇非常稳定的刚性需求。因此，孕妇产品零售商如果能够提前获得孕妇信息，在其怀孕初期就进行有针对性的产品宣传和引导，无疑将会给商家带来巨大的收益。如果等到婴儿出生，由于在美国出生记录是公开的，全国的商家都会知道孩子已经出生，新生儿的母亲就会被铺天盖地的产品优惠广告包围，而商家此时行动为时已晚，因为商家会面临很多的市场竞争者。因此，如何有效识别出哪些顾客属于孕妇群体就成为最核心的问题。在传统的方式下，要从茫茫人海里识别出哪些顾客是孕妇，需要投入巨大的人力、物力、财力，这会使得这种细分行为毫无商业价值可言。

面对这个棘手的问题，Target 百货公司另辟蹊径，把焦点从传统方式移开，转向大数据技术。Target 百货公司的大数据系统会为每一个顾客分配一个唯一的 ID 号，顾客刷信用卡、使用优惠券、填写调查问卷、邮寄退货单、打客服电话、打开广告邮件、访问官网等所有操作，都会与自己的 ID 号关联起来并存入大数据系统。仅有这些数据还不足以全面分析顾客的群体属性特征，还必须借助公司外部的各种数据进行辅助分析。为此，Target 百货公司还从其他相关机构购买了关于顾客的其他必要信息，包括年龄、是否已婚、是否有子女、所住市区、住址离 Target 的车程、薪水情况、最近是否搬过家、钱包里的信用卡情况、常访问的网址、就业史、破产记录、婚姻史、购房记录、求学记录、阅读习惯等。以这些关于顾客的海量数据为基础，借助大数据分析技术，Target 百货公司可以获知客户的深层需求，从而实现更加精准的营销。

Target 百货公司通过分析发现，有一些明显的购买行为可以用于判断顾客是否已经怀孕。比如第 2 个妊娠期开始时，许多孕妇会购买大包装的无香味护手霜；在怀孕的最初 20 周内，孕妇往往会大量购买补充钙、镁、锌之类的保健品。在大量数据分析的基础上，Target 百货公司选出 25 种典型商品的消费数据构建了“怀孕预测指数”，根据该指数，Target 百货公司能够在很小的误差范围内预测到顾客的怀孕情况。因此，当其他商家还在茫然无措地满大街发广告寻找目标群体的时候，Target 百货公司就已经早早地锁定了目标客户，并将孕妇优惠广告寄发给顾客。此外，Target 百货公司还注意到，有些孕妇在孕初期可能并不想让别人知道自己已经怀孕，如果贸然给顾客邮寄孕妇用品广告单，很可能会适得其反，因暴露了顾客隐私而惹怒顾客。为此，Target 百货公司选择了一种比较隐秘的做法，把孕妇用品优惠广告夹杂在其他一大堆与怀孕不相关的商品优惠广告当中，这样顾客就不会意识到 Target 百货公司已经知道她怀孕了。Target 百货公司这种润物细无声的商业营销，使得许多孕妇在浑然不觉的情况下成了Target百货公司的忠实拥趸，与此同时，许多孕妇产品专卖店也在浑然不知的情况下失去了很多潜在客户，甚至最终走向破产。

Target百货公司通过这种方式默默地获得了巨大的市场收益。终于有一天，一个父亲通过Target百货公司邮寄来的广告单意外发现自己正在读高中的女儿怀孕了，此事很快被《纽约时报》报道，使得Target百货公司的这种隐秘的营销模式引起轰动，广为人知。

三、供应链管理

亚马逊、联合包裹快递（United Parcel Service，Inc.，UPS）、沃尔玛等先行者已经开始享受大数据带来的成果，大数据可以帮助它们更好地掌控供应链，更清晰地把握库存量、订单完成率、物料及产品配送情况，更有效地调节供求关系。同时，利用基于大数据分析得到的营销计划，可以优化销售渠道，完善供应链战略，争夺竞争优先权。

美国最大的医药贸易商McKesson（麦克森）对大数据的应用已经远远领先于大多数企业。该公司运用先进的运营系统，可以对每天200万个订单进行全程跟踪分析，并且监督价值超过80亿美元的存货。同时，该公司还开发了一种供应链模型用于在途存货管理，它可以根据产品线、运输费用甚至碳排放量，提供极为准确的维护成本视图，使公司能够更加真实地了解任意时间点的运营情况。

第八节　大数据在城市管理中的应用

大数据在城市管理中发挥着日益重要的作用，主要体现在智能交通、环保监测、城市规划和安防等领域。

一、智能交通

随着汽车数量的急剧增加，交通拥堵已经成为亟待解决的城市管理难题。许多城市纷纷将目光转向智能交通，期望通过实时获得关于道路和车辆的各种信息，分析道路交通状况，发布交通诱导信息，优化交通流量，提高道路通行能力，从而有效缓解交通拥堵问题。据发达国家的数据显示，智能交通管理技术可以使交通工具的使用效率提升50%以上，交通事故死亡人数减少30%以上。

智能交通将最先进的信息技术、数据通信传输技术、电子传感技术、控制技术及计算机技术有效集成并运用于整个地面交通管理，同时可以利用城市实时交通信息、社交网络和天气数据来优化最新的交通诱导信息。智能交通融合了物联网、大数据和云计算技术，其整体框架主要包括基础设施层、平台层和应用层。基础设施层主要包括摄像机、感应线圈、监控视频器、交通信号灯、诱导板等，负责实时采集关于道路和车辆的各种信息，并显示交通诱导信息；平台层对来自基础设施层的信息进行存储、处理和分析，支撑上层应用，包括网络中心、信号接入和控制中心、数据存储和处理中心、设备运维管理中心、应用支撑中心、查询和服务联动中心；应用层包括卡口查控、电警审核、路况发布、诱导系统、信号控制、指挥调度、辅助决策应用系统。

遍布城市各个角落的智能交通基础设施（如摄像机、感应线圈、监控视频等），每时每刻都在生成大量的感知数据，这些数据构成了智能交通大数据。利用事先构建的模型对交通大数据进行实时分析和计算，就可以实现交通实时监控、交通智能诱导、公共车辆管理、旅行信息服务、车辆辅助控制等各种应用。以公共车辆管理为例，北京、上海、广州、深圳、厦门等各大城市，都已经建立了公共车辆管理系统，道路上正在行驶的所有公交车和出租车都被纳入实时监控，通过车辆上安装的GPS设备，管理中心可以实时获得各个车辆的当前位置信息，并根据实时道路情况计算得到车辆调度计划，发布车辆调度信息，指导车辆控制到达和发车时间，实现运力的合理分配，从而提高运输效率。作为乘客，只要在智能手机上安装了“掌上公交”等软件，就可以通过手机随时随地查询各条公交线路以及公交车的当前位置，避免焦急地等待。如果用户赶时间却发现自己等待的公交车还需要很长时间才能到达，就可以选择打出租车。此外，晋江等城市的公交车站还专门设置了电子公交站牌，可以实时显示经过本站的各路公交车的当前位置，极大地方便了公交出行的群众，尤其方便了很多不会使用智能手机的中老年人。

二、环保监测

随着互联网技术快速发展，社会进入一个全新的数字时代，数据全面影响着人们的生产生活。在环境监测中，利用大数据技术可以提高监测效率、加强数据分析和预测，从而更好地保护和改善我们的自然环境。

（一）森林监视

森林是地球的“肺”，可以调节气候、净化空气、防风固沙、减轻洪灾、涵养水源、保持水土；但是，在全球范围内，每年都有大面积的森林遭受到自然或人为因素的破坏。比如森林火灾会给森林带来极严重的后果，也是林业面临的最可怕的灾害；再如，人为的乱砍滥伐导致部分地区森林资源快速减少，这些都给人类生存环境造成了严重的威胁。

为了有效保护人类赖以生存的宝贵森林资源，各个国家和地区都建立了森林监视体系，比如地面巡护、瞭望台监测、航空巡护、视频监控、卫星遥感等。随着数据科学的不断发展，近年来，人们开始把大数据应用于森林监视领域，其中谷歌森林监视系统就是一项具有代表性的研究成果。谷歌森林监视系统采用谷歌搜索引擎提供时间分辨率，利用 NASA 和美国地质勘探局的地球资源卫星提供空间分辨率。系统利用卫星的可见光和红外数据画出某个地点的森林卫星图像。在卫星图像中，每个像素都包含了颜色和红外信号特征等信息，如果某个区域的森林被破坏，该区域对应的卫星图像像素信息就会发生变化。因此，通过跟踪监测森林卫星图像上像素信息的变化，就可以有效监测森林变化情况。当大片森林被砍伐破坏时，系统就会自动发出警报。

（二）环境保护

大数据已经被广泛应用于污染监测领域，借助大数据技术，采集各项环境质量指标信息，将信息集成、整合到数据中心进行数据分析，并利用分析结果来指导制定下一步的环境治理方案，从而有效提升环境整治的综合效果。把大数据技术应用于环境保护领域具有明显的优势：一方面，可以实现 7×24 小时的连续环境监测；另一方面，借助大数据可视化技术，可以立体化呈现环境数据分析结果和治理模型，利用数据虚拟出真实的环境，辅助人类制定相关环保决策。在我国，环境监测领域也开始积极引入大数据，比如由环保人士马军创建的环境保护 NGO（非政府组织）——公众环境研究中心，于 2006 年开始，先后制定了《中国水污染地图》《中国空气污染地图》和《中国固废污染地图》，建立了国内首个公益性的水污染和空气污染数据库，并将环境污染情况以直观易懂的可视化图表方式展现给公众，公众可以进入全国 31 个省级行政区和超过 300 个地市级行政区的相应页面，检索当地的水质信息、污染排放信息和污染源信息。

在一些城市，大数据也被应用到汽车尾气污染治理中。汽车尾气已经成为城市空气的重要污染源之一。为了有效防治机动车污染，我国各级地方政府都十分重视对汽车尾气污染数据的收集和分析，并为有效控制污染提供服务。比如，山东省于 2014 年 10 月 14 日正式启动机动车云检测试点试运营，借助现代智能化精确检测设备、大数据云平台管理和物联网技术，准确收集机动车的原始排污数据，智能统计机动车排放污染量，溯源机动车检测状况和数据，确保为政府相关部门防治空气污染提供可信的数据。

三、城市规划

大数据正深刻改变着城市的规划方式。对于城市规划师而言，规划工作高度依赖测绘数据、统计资料及各种行业数据。目前，规划师可以通过多种渠道获得这些基础性数据，并据此开展各种规划研究工作。随着我国政府信息公开化进程的不断加快，各种政府层面的数据开始逐步对公众开放。与此同时，国内外一些数据开放组织也在致力于数据开放和共享工作。

城市规划研究者利用开放的政府数据、行业数据、地理数据、社交网络数据、车辆轨迹数据等开展了各种层面的规划研究。利用地理数据，可以研究全国城市扩张模拟、城市建成区识别、地块边界与开发类型和强度重建模型、中国城市间交通网络分析与模拟模型、中国城镇格局时空演化分析模型，以及全国各城市人口数据合成和居民生活质量评价、空气污染暴露评价、主要城市市区范围划定及城市群发育评价等。利用公交 IC 卡数据，可以开展城市居民通勤分析、职住分析、人的行为分析、人脸识别、重大事件影响分析、规划项目实施评估分析等。利用移动手机通话数据，可以研究城市联系、居民属性、活动关系及其对城市交通的影响。利用社交网络数据，可以研究城市功能分区、城市网络活动与等级、城市社会网络体系等。利用出租车定位数据，可以开展城市交通研究。利用住房销售和出租数据，同时结合网络爬虫获取的居民住房地理位置和周边设施条件数据，可以评价该城区的住房分布和住房质量情况，有利于城市规划设计者有针对性地优化城市的居住空间布局。

甄峰等人就利用大数据开展了城市规划的各种研究工作，他们利用新浪微博网站提供的数据，选取微博用户的好友关系及其地理空间数据，构建了城市间的网络社区好友关系矩阵，并以此为基础分析了中国城市网络体系；利用百度搜索引擎中城市之间搜索信息量的实时数据，通过关注度来研究城市之间的联系或等级关系；利用大众点评网餐饮点评数据来评价南京城区餐饮业空间发展质量；通过集成在学生手机上的 GPS 定位软件，跟踪分析一周内学生对校园内各种设备和空间的利用情况，并据此提出校园空间优化布局方案。

四、安防领域

近年来，随着网络技术在安防领域的广泛应用，高清摄像头在安防领域的应用的不断升级，以及项目建设规模的不断扩大，安防领域积累了海量的视频监控数据，并且每天都在以惊人的速度生成大量新的数据。例如，我国很多城市都在开展平安城市建设，在城市的各个角落密布着成千上万个摄像头，7×24 小时不间断采集各个位置的视频监控数据，数据量之大，超乎我们的想象。

除了视频监控数据，安防领域还包含大量其他类型的数据，包括结构化、半结构化和非结构化数据。结构化数据包括报警记录、系统日志记录、运维数据记录、摘要分析结构化描述记录以及各种相关的信息数据库，如人口信息、地理数据信息、车驾管信息等；半结构化数据包括人脸建模数据、指纹记录等；非结构化数据主要是指视频录像和图片记录，如监控视频录像、报警录像、摘要录像、车辆卡口图片、人脸抓拍图片、报警抓拍图片等。所有这些数据一起构成了安防大数据的基础。

之前这些数据的价值并没有被充分发挥出来，跨部门、跨领域、跨区域的联网共享较少，检索视频数据仍然以人工手段为主，不仅效率低下，而且效果并不理想。基于大数据的安防要实现的目标是通过跨区域、跨领域安防系统联网，实现数据共享、信息公开以及智能化的信息分析、预测和报警。以视频监控分析为例，大数据技术可以支持在海量视频数据中实现视频图像统一转码、摘要处理、视频剪辑、视频特征提取、图像清晰化处理、视频图像模糊查询、快速检索和精准定位等功能，同时深入挖掘海量视频监控数据背后隐藏的有价值的信息，并快速反馈信息，以辅助决策判断，从而将安保人员从繁重的人工视频回溯工作中解放出来，不需要再投入大量精力从大量视频中低效查看相关事件线索，可以在很大程度上提高视频分析效率，缩短视频分析时间。

参考文献

[1] 高腾刚，程晶晶．大数据概论[M]．北京：清华大学出版社，2022.

[2] 林子雨．大数据技术原理与应用：概念、存储、处理、分析与应用[M]．北京：人民邮电出版社，2021.

[3] 赵玺，冯耕中，刘园园．大数据技术基础[M]．北京：机械工业出版社，2020.

[4] 娄岩．大数据技术与应用[M]．北京：清华大学出版社，2016.

[5] 施苑英．大数据技术及应用[M]．北京：机械工业出版社，2021.

[6] 周苏，冯婵璟，王硕苹．大数据技术与应用[M]．北京：机械工业出版社，2016.